U0908884

父母一定要懂的孩子的心理学

婴幼儿常见心理问题解析

马璐璐◎编著

天津出版传媒集团
天津人民出版社

图书在版编目(CIP)数据

父母一定要懂的孩子的心理学. 婴幼儿常见心理问题解析 / 马璐璐编著. -- 天津 : 天津人民出版社,2018.5
ISBN 978-7-201-12867-2

Ⅰ. ①父… Ⅱ. ①马… Ⅲ. ①婴幼儿心理学-通俗读物 Ⅳ. ①B844-49

中国版本图书馆 CIP 数据核字(2018)第 007540 号

父母一定要懂的孩子的心理学——婴幼儿常见心理问题解析
FUMUYIDINGYAODONGDEHAIZIDEXINLIXUE
——YINGYOUERCHANGJIANXINLIWENTIJIEXI

出　　版　天津人民出版社
出 版 人　黄　沛
地　　址　天津市和平区西康路 35 号康岳大厦
邮政编码　300051
邮购电话　(022)23332469
网　　址　http://www.tjrmcbs.com
电子信箱　tjrmcbs@126.com
责任编辑　刘子伯
印　　刷　晟德（天津）印刷有限公司
经　　销　新华书店
开　　本　787×1092 毫米　1/16
印　　张　19.25
字　　数　133 千字
版次印次　2018 年 5 月第 1 版　2018 年 5 月第 1 次印刷
定　　价　38.00 元

前言 PREFACE

孩子们知道的东西总比他们能够用语言表达出来的多，这是他们不同于成年人的地方，我们成年人，一般说的比知道的多。就拿教养孩子来说，很多人都可以说得头头是道、口若悬河，但事实上，大多数人不过是自以为是的侃侃而谈，他们并没有说到重点，或者说，他们根本不知道教养孩子的重点是什么。

所以尴尬的一幕出现了：人们一边相互交流，据理力争着自己的教育观点，一边异口同声地表示，现在的孩子忒难教，他们的行为总是让大人相当费解，有时不怕天也不怕地，有时莫名其妙发脾气，有时无理取闹很任性，有时油盐不进特叛逆。然后，几乎所有人都会达成这样一个共识——孩子们这些难以理解的行为源于他们的不谙世事。通俗点说，就是孩子还太小，变化无常很正常。但真正的儿童教育学者会告诉你，大多时候，孩子的乖张行为并非无心之举，实际上，这些表面现象的背后都隐藏着复杂的心理因素。

这才是家庭教养的重点——掌握孩子行为背后的真相，才能够最终实现幸福养育。

在孩子的成长过程中，每一阶段都有与年龄相应的心理特点，这些心理特点反应出来，就是行为。孩子遇到问题时，因为语言表达能力有限，他们就会转而运用行为与大人进行沟通，问题在于，孩子选择的行为往往无法准确表达出自己的心理困扰，而成年人则会主观地认为，孩子的行为是幼稚可笑的，甚至是不可理喻的。比如，一个七八岁的孩子因为父母工作忙而感到备受冷落，当他认为重新获得父母关注的方法是成绩差或打架时，就会被大人误解，一个恶性循环就形成了。假如父母能够用些心思，探究孩子行为背后的原因，他们就能够以一种使孩子感觉自己获得关注和理解的方式，对孩子的行为做出回应，那么结果肯定大不一样，孩子的心理结症被破解以后，他们也懒得去重复那些不当行为或令人讨厌的行为。父母就能够自如地对孩子进行有效引导和教育，恶性循环就此将被打破。

其实，只要掌握了孩子的心里特点，孩子并不难管。如果走进了孩子的心里，你就能在应对孩子的问题时游刃有余。

这本书可能与你平时看到的其他写给父母的书不同，因为我们的出发点不在于怎样控制孩子的行为，而是着重强调怎样理解孩子的行为——孩子行为背后的真实动机是什么。我们希望，在我们用心的同时，您也能够用心，以便我们能够共同思考和探讨孩子的行为。

本书从发展心理学的角度出发，以全新的教育理念，取材于实际的教育案例，深入浅出的讲解方式，集中体现了家长们关心、渴望了解的几乎所有的子女教养问题，例如，如何进行早期教育、智力开发、潜力培养等等。可以说，这是一本有效消除亲子对抗，引导亲子合作的全新家教指南，也是一本让数千万家庭拥有更加轻松快乐氛围的家庭指导手册。在这里，心理学专家、优秀教师、成功爸妈将从不同角度，精心、耐心、用心、诚心地为您答疑解惑。

目录 CDNTENTS

第1章 宝宝不听话的背后

——孩子也有自主意识，不要压抑他

很多家长都觉得自己的孩子不听话。但是，孩子为什么不听话你知道吗？对于不听话的孩子，如何教育才好呢？不少家长气愤难耐打骂孩子，但是打骂有用吗？孩子不听话通常是由一些特殊原因或者内因所致，家长需要有耐心，对孩子的行为客观解析，才能找出孩子不听话的原因，对症下药。

第 2 章　贪玩不是毛病

——爱玩才叫孩子，让孩子在玩乐中成长

儿童天性好动，大部分健康的孩子都是很贪玩的。对孩子的贪玩家长不要过分心急，我们应该认识到，玩不是坏事，孩子能在玩中学习知识，增长才干。因此，家长对孩子的玩不应该一味加以强硬干涉，而应该区别对待，抓住孩子的心理正确引导，让孩子在“玩”中学到他该学的东西。

第 3 章　宝宝有小情绪啦

——破解情绪密码，打开孩子的心结

幼儿的情绪调控能力非常薄弱，他们易激动、很感性，也很脆弱，需要爸妈的有效引导才能形成健康心理。情

绪调控作为幼儿社会性发展的重要内容，在教育途径上，更多地强调感受、感知、体验、理解和反应，所以爸爸妈妈在帮助孩子调节情绪时，应更多地考虑周围情境的氛围以及整个教育方式的自然性。

第 4 章　化身性格问题专家

——孩子性格不好，父母难辞其咎

每个孩子身上都打着父母的烙印。孩子性格好，表明父母的教养到位；孩子性格有问题，说明父母的教育出了问题。想改变孩子的不良性格，爸妈需要从孩子的心灵世界入手，和孩子进行心与心的沟通。用理解、宽容的情怀去包容孩子，用积极奋进的语言去抚慰孩子，把家建立成亲情的乐园，孩子在这样的氛围中，性格才能好起来。

第 5 章 挖掘异常行为根源

——对于孩子的异常表现，你怎么看

孩子的行为异常，往往是由精神或心理问题引起的。这种异常行为会妨碍孩子身心的正常发展，影响学习，成长后也常有偏离正常的人格特征及行为。然而很多年轻父母面对孩子出现的异常行为表现，往往未能足够重视，直到愈演愈烈才追悔莫及。在此提醒爸爸妈妈们，对于孩子的异常行为，早发现、早干预是决定矫治效果的关键。

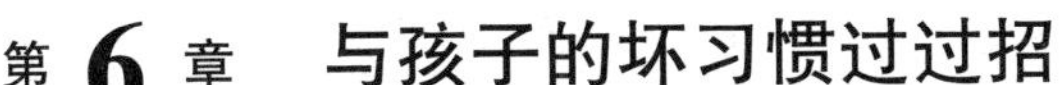

第6章 与孩子的坏习惯过过招

——儿时的每一种习惯，都可能决定将来的命运

所有顽固坏习惯背后，都隐藏着父母不知道的心理动机。处于成长过程中的孩子，总是因为某些心理因素表现出一些在大人看来不恰当的行为。如果父母不加以重视，听任这些行为反复，就会习惯成自然，它们必将成为孩子成长的羁绊，所谓“千里之堤毁于蚁穴”。因此提醒爸爸妈妈们：不要忽视这些小小坏习惯背后的真正原因。

第 7 章 做孩子的社交导师

——宝宝虽小，朋友可不能少

心理学研究发现，许多成年人不善于交往、不合群的状况可以追溯至儿童时期。如果孩子的不合群、不善交际在儿童时得不到解决，那么长大以后就会成为他的一种鲜明性格特征，并妨碍他今后的成功。所以，家长必须做好孩子的社交导师，孩子在与人交往的过程中，其社交能力将会在不知不觉中得到改善。

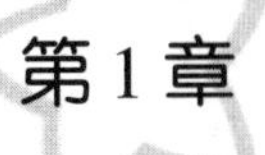

第1章　宝宝不听话的背后

——孩子也有自主意识，不要压抑他

很多家长都觉得自己的孩子不听话。但是，孩子为什么不听话你知道吗？对于不听话的孩子，如何教育才好呢？不少家长气愤难耐打骂孩子，但是打骂有用吗？孩子不听话通常是由一些特殊原因或者内因所致，家长需要有耐心，对孩子的行为客观分析，才能找出孩子不听话的原因，对症下药。

1.为什么孩子喜欢说“我偏不”

很多家长发现，孩子以前非常听话，可到了三四岁左右就“不那么乖了”。不管你和他说什么，他都会歪着脑袋说“我偏不”“我不要”。这其实就是孩子出现了逆反表现，往往喜欢和家长做对，倔头倔脑，软硬不吃。

4岁的阳阳让妈妈很头疼，因为从前段时间开始，她喜欢和大人唱反调，可以前她可是小区中出了名的乖孩子。现在做什么都好像和父母做对，你让她往东，她偏往西，当你生气时，她就在旁边露出狡黠的笑意，好像很了不起的样子；如果你严厉地批评她，她就拿出她的杀手锏——大哭。可哭完之后，她还是坚持自己的想法，根本不听你的道理。

一次早上起床，天气有些凉，妈妈就让阳阳穿上裤子，否则会冻感冒。阳阳一听，歪着脑袋说："我偏不！我不喜欢穿裤子！"于是，她光着小屁股扭来扭去的，甚至光着小脚丫在地板上跑来跑去。爸爸生气地制止她，谁知道这小姑娘一点也不怕，还故意和爸爸妈妈做鬼脸。爸爸气得没辙了，就狠狠地打了阳阳的屁股。

这一打不要紧，阳阳不仅没有感觉自己错了，反而"哇"地大哭起来，好像爸爸妈妈无缘无故打了她一样，怎么哄也哄不好。

阳阳的这种表现，就是典型的逆反心理，这在一定年龄段的孩子中非常常见。逆反心理是孩子在一定年龄阶段所发生的产物，其主要表现为认识上的逆反与情绪和行为上的对抗。处于逆反期的孩子喜欢和家长唱反调，不愿意家长"指使"他们做事，

甚至一些极端逆反的孩子还容易出现行为问题，影响身心健康和与周围人的关系，让家长头疼不已。

孩子在3至5岁的时候也会产生逆反心理，究其原因，是因为这个阶段的婴幼儿对这个世界已经有了一定的认识，具备了基本的生活能力。于是，他们的活动范围增大了，比乖乖听家长的话相比，更喜欢做自己喜欢的事情。正是由于孩子的自我意识强化，他的个性意识、独立意识会飞快增强，于是，他们认为自己已经可以给自己做主了，自己决定自己想做的事情。面对爸爸妈妈的教育，他们会有意无意地产生“反抗”，你叫他这样，他非不这样。

可是，生活中的很多家长却不了解孩子的心理和需求，反而把这看成是孩子不听话的表现，按着自己的想法来批评、命令孩子。这样一来，孩子自然就会用大哭大闹来表现自己的不满了。

当然，孩子的叛逆行为也是由很多原因引起的：

(1) 父母过于唠叨

孩子出现逆反心理，有很大一部分是因为家长过于唠叨，使孩子感到厌烦。有的父母喜欢整天对孩子唠唠叨叨，这个要这么做，那个要那么做；这样做不对，那样做也不对。而这种唠唠叨叨的教育方式，让孩子感到了厌烦，从而产生了逆反心理。

(2) 小伙伴的影响

小孩子非常容易受小伙伴的影响，因为他们在一同玩耍的时候，会感受到彼此不仅有共同的心理感受和需求，而且都有相近的爱好、兴趣和共同的行为倾向。比如，一个孩子出现了和家长唱反调的行为，其他伙伴也会跟随。

(3) 好奇心无法得到满足

孩子在幼年好奇心非常重，如果他的好奇心得不到满足，就会会产生逆反心理。比如 3 至 5 岁的婴幼儿因为好奇心，总想摸摸电插座、碰碰煤气开关，没有一点危险意识。如果家长不了解他们的好奇心，反而因为他们触碰了危险品而打骂孩子，那么他们的好奇心就会越来越强烈，反而更想要摸这些东西了。

【给爸妈的话】

对于孩子的“逆反”心理，家长不必过分担心，因为这是孩子心理发育的必经阶段。家长应当明白，孩子的逆反心理是一种反常心理，但并非不良的心理状态或变态心理，而是孩子基于自我保护的本能和探求未知事物的欲望而产生的。

但是，这种心理却不能放任。一旦对孩子的逆反心理与逆反行为听之任之，或对其粗暴制止或强行压制，那么可能把孩子推向另一个极端。家长应该正确认识孩子的心理，给予其正确的引导，消除逆反心理。

(1) 体会孩子的心理感受

家长应该多从孩子的角度考虑，理解孩子的想法和要求，而不是认为孩子逆反心理是什么“行为问题”。家长也不要把自己放在孩子的对立面，要学会倾听孩子的心声，引导孩子说出自己的感受。

(2) 用语言和行动鼓励孩子

孩子天生就好奇心重，产生叛逆心理的大部分原因是因为好奇心无法完全满足。这时候，家长应该满足他的好奇心和求知欲，在让他知道什么是应该做的，什么是不该做的的同时，及时肯定孩子的恰当行为。

父母可以常用口头语言、满意的表情、拥抱的动作对孩子加以鼓励和赞扬，这样会逐渐消融孩子的叛逆心理。

(3) 心平气和一点，千万不要非打即骂

有的父母看到孩子叛逆就会火冒三丈，对孩子严厉批评，甚至打骂。这样的行为不仅无法制止孩子的行为，反而会让孩子学会你的这种“暴脾气”。父母应该先保持冷静，等到冲突暂时缓和后，再与他沟通，让他知道自己做错了什么。

(4) 尊重孩子、信任孩子

父母要明白，3 至 5 岁的婴幼儿也有很强的自尊，所以，教育学家才说：“永远不要伤害孩子的自尊。”父母要尊重和信任孩子，如果不是唠叨就是打骂，孩子必然把他们的话当耳边风，心理上也会产生反感。

2.犟脾气的背后究竟藏着什么

很多家长都抱怨自己孩子脾气犟，当孩子的倔脾气上来时，就会表现出发脾气、耍赖，父母说什么他都不听。原本这只是孩子要挟大人的手段，可在很多情况下，脾气一发，过分的兴奋就像决堤的洪水，奔腾呼啸，理智丧失，任凭情绪左右，只顾撒野，一点余地不留。父母们不免会思考：一定是自己在教育孩子方面出了什么问题，才造成孩子这么犟。

6 岁的虎虎一直被妈妈称为“顽固分子”。妈妈说，从小到大，他就是个犟小子，刚出生不久还待在襁褓中时，虎虎睡觉时永远是把头拧到左侧，怎么搬也搬不过来；大了一些后可以自己吃饭了，他却坚决不吃米饭，只吃馒头；每次上厕所，他都要先把内裤、外裤全部脱掉，否则就不撒尿；冬天的时候不管多冷，他都坚决不戴帽子……

类似这样的顽固表现不胜枚举，虎虎妈妈为此只能无奈地摇头。她时常和朋友们说：“虎虎简直是犟到家了，没有人可以强迫他做任何事情。”

也许有的父母和虎虎妈有类似感受，因为自己也摊上了像虎虎这样的犟脾气。

随着幼儿活动能力的增强，知识的不断丰富，孩子心理变化急剧，特别是孩子的需要发生了很大的变化，而父母往往还是用老眼光去看待孩子、要求孩子，那么孩子就会和家长拧着来，使出自己的强脾气。这时候，父母看到孩子这样的行为后，通常只好采取答应。但在这之后，孩子的愿望虽然达到了，但对自己发脾气时的那种诸如以头撞墙、摔坏心爱的玩具的行为却也感到后悔，甚至内疚。

同时，孩子在冷静下来后，也尝到了对自己行为无可奈何的滋味，也体验到自己的无能为力，于是，他们会感到自卑和痛苦。即使有些本来是良好意愿的行为，常常会不能理想地完成或者失败。这个时候，普通家长很难理解孩子的种种不良迹象，所以就会对其进行责备或惩罚。孩子的性格会因此产生巨大的波动，从而形成恶性循环。

由此可见，“犟脾气”虽然是宝宝成长阶段很常见的心理现象，但是一味地纵容，不加以正确的引导，反而会害了孩子。所以，家长应该掌握正确的方法，耐心教导孩子，让“犟脾气”的小宝宝变得听话起来。

【给爸妈的话】

想让孩子改变自己的犟脾气，父母就必须对孩子正确教育，如果教育的方法总是无法持续，或者出现明显偏差，那么孩子不仅可能出现任性、倔强，甚至还会表现出其他更多的不良性格。只有做到爱而不纵，严而不过，与孩子“交朋友”，这样才能使孩子的犟脾气逐渐改变。

（1）耐心倾听，听听孩子的意见

在我们和孩子相处的过程中，父母需要耐心地倾听孩子的意见，尤其是那些脾气倔强的孩子。比如，当他提出要和小伙伴一起丢沙包的时候，父母就没必要非要求他和自己去公园玩。当父母应该多给孩子尊重和宽松，不去与孩子硬碰硬的时候，孩子自然就不会耍犟脾气了。

(2) 该严厉的时候就严厉些，不要过于迁就孩子

很多有着犟脾气孩子的父母，总会发出这样的感叹：和他较量，真是一场耐力的比拼。的确，有时候父母如果迁就、妥协了，那个顽固的小家伙反而更得寸进尺了。这时候，父母就应该拿出严厉的态度，而不能过于迁就孩子。

(3) 采用“负强化”的方法

任性、哭闹，这都是脾气比较犟的孩子会采取的主要方法。正因为如此，当孩子出现这样的表现时，绝大多数父母通常会无奈地大声训斥、恐吓，甚至打骂孩子。可这根本解决不了问题，反而会孩子产生逆反心理。

其实，父母可以用“负强化”的方法，即采取不予理睬的方法来对待孩子的任性。比如，孩子吵着要买玩具，甚至在地上打滚，父母可采取不劝说、不解释、不打骂的方法，让孩子感到父母并不在意他的这些行为。一段时间后，孩子就会逐渐冷静下来，这时候父母再跟孩子讲道理，并且表示出关心和安慰，孩子

便会感受到自己的错误，逐渐改掉这样的行为。

(4) 在情绪上表示理解，但在行为上要坚持对他的约束

不少犟脾气的孩子，在吃饭的时候，如果今天的菜不是他喜欢吃的，就生气地拒绝吃饭。这个时候，父母不能一味任由孩子吵闹，迁就孩子再给他做。父母在情绪上要首先表示理解，说“下次再给他做喜欢吃的”，可如果孩子继续闹，那就可以给他些惩罚。这时候，孩子自然就不会频繁地发犟脾气了。

(5) 培养孩子的自我管理意识

孩子脾气犟、任性，最根本原因之一就是孩子缺乏自我控制、自我管理的能力。所以，父母应当平时注意培养孩子自我管理的意识，当孩子学会约束控制自己，形成良好的自我管理的习惯，那么“倔驴”脾气就会逐渐得到改善。

3.孩子的愤怒爸妈你永远不懂

很多父母对孩子的乱发脾气很没办法，一点小事情就大声吵闹，有不顺心的事情就乱发脾气，可以说不达目的誓不罢休。乱发脾气好像已经成为了孩子们最常见的现象，家长们经常无可奈何。

有一天，刚刚睡醒午觉的菲菲还想继续上午的过家家游戏，当他走到小桌子旁的时候发现什么也没有了，小盘子小碗，还有“看书”的小熊，在小车里躺着的小兔兔都不见了。这时，保姆阿姨过来抱起菲菲说：“菲菲，你看阿姨把你的小玩具都收起来了，干净吧？”菲菲“大发雷霆”，一边打着保姆阿姨一边叫喊：“你讨厌，你讨厌，谁让你把我的过家家给破坏了，你赔我。”

还有一次，爸爸妈妈带菲菲去公园玩，刚到公园门口就传来一阵烤羊肉串的香味，菲菲就缠着妈妈，要妈妈买羊肉串给他吃，妈妈说：“菲菲乖，吃了会拉肚子，这个不干净。”菲菲仍然使劲儿把妈妈往烧烤摊上拉。妈妈又说：“回家做给你吃，咱不吃外面的。”菲菲依然不听。

这时爸爸生气了，抱着菲菲就往公园里走，菲菲又哭又闹，还使劲儿地打爸爸，弄得公园门口的人都看着他们一家三口。爸爸气愤地打了菲菲屁股几下，这下菲菲闹得更凶了，干脆就直接躺在公园门口号啕大哭了。

其实，从心理学角度来看，发脾气是儿童表达自己内心愤怒的表现，也是孩子意志薄弱、缺乏自控能力的表现。其主要特征是：想干什么就干什么，想要什么就必须得到，不达目的就决不罢休。

几乎所有的孩子都会发脾气，只是随着年纪的增长，表达愤怒的方式有所不同。一般来说，1 岁以前的孩子，多半会以哭来表达愤怒；2 岁左右的孩子则会以赖在地上哭闹、乱丢玩具或不吃饭来表达愤怒；3 岁或再大一点的孩子甚至会有强烈的攻击或报复行为。

当孩子在 1 岁左右时，他开始摸索着探索这个新世界了，天生的好奇心驱使让他感觉什么都非常新鲜，于是看到一切都要去摸、去玩、去尝，但大人总是不让做这个，不让做那个，于是，孩子便懊恼不已，通过哭闹来表达愤怒。

当孩子长到 2 岁时，他会认为凡事都应该自己做，但由于身心发展不够成熟而做不好，这时候，孩子的懊恼、生气就会通过哭闹、乱丢玩具等方式来宣泄。

3 岁左右的孩子，心理比之前要成熟一些，但由于语言表达能力还不够，加上反抗心理的出现，所以当他的行为受到约束或需求遭到拒绝时，就很容易大发雷霆，甚至做出强烈的反击，比如和父母对着干、顶嘴等等。

孩子爱发脾气，这是一种不正常的心理状态的反映。一方面，这与他们身心发展水平较低有关，另一方面，这也与成人的态度和教育方法有关。如果父母平时对这类儿童缺乏有效的教育和纠正，使幼儿无所控制地发展自己的这种行为，那么这种行为就会成为他们要挟老师和父母，满足自己某种需要的一种手段。

等到他 3 岁以后，问题就会越来越多。因为 3 岁以后，孩子的独立性和自我意识有了明显的增强。因此家长应该从小培养孩子的稳定情绪，增强孩子的自控能力。

【给爸妈的话】

很多时候，孩子乱发脾气是因为父母对孩子百依百顺，一味地纵容娇惯。现在家庭中通常只有一个孩子，爷爷奶奶、外公外婆、爸爸妈妈六个大人都围着一个小宝贝转，不管孩子提出什么要求都从不拒绝，这样的孩子不养成坏习惯才怪。

但是，这并不是真正爱孩子，因为孩子受于年龄因素，欲望永远也得不到满足。如果一味地纵容孩子，使孩子养成乱发脾气的坏习惯，反而会影响孩子的成长，害了孩子。

(1) 培养孩子的挫折容忍度

想要孩子不乱发脾气，就要培养他的挫折容忍度。首先，家长不要给孩子过高的期望与压力，应允许孩子失败，同时也让孩子了解失败是可能的。当孩子失败的时候，家长要及时地给予关心和鼓励，平时多给孩子讲一些挫折方面的故事，让孩子从故事中得到成长。

(2) 教育孩子尊重他人的权利与感受

因为孩子的自我中心观念很强，所以，他们很少会考虑他人的想法。因此，父母必须培养孩子具有同情心及爱心，比如多爱护小动物，帮助比孩子小的小朋友，或是父母可与孩子进行娃娃扮演游戏，让孩子从游戏中学习。

(3) 不要打骂孩子，及时转移孩子的注意力

如果孩子一旦发脾气，家长不要轻易地打骂孩子，应该先设法转移孩子的注意力，慢慢地孩子就会减少发脾气的次数。接下来，父母就要对孩子进行正确的辅导，让他能够懂得胡乱发脾气的坏处。

(4) 协助孩子发展自我控制的能力

孩子的自控能力差，所以才会稍有不顺心的地方就发脾气，家长应该培养他的自控能力。首先，父母必须培养孩子凡事为自己负责的习惯，自己的事情自己做，不要习惯性地依赖别人。比

如，对于吃饭、穿衣、穿鞋、收拾玩具等事情，孩子基本会做，这时候，父母就要放手，让孩子自己决定怎么吃、穿、收。

其次是培养孩子的责任感，只要孩子做的事情不太离谱，家长就让孩子自己决定该怎么做，让孩子明白自己的责任。比如收拾玩具应该是孩子自己的责任，家长就应该让孩子明白这个道理。

还有家长应该给孩子定出规定，并且严格要求孩子遵守约定。比如去超市的时候，父母规定孩子一次只能买一种零食，孩子乱拿的时候就要严厉拒绝。如果想要两种零食，那么下次就没有机会了。

(5) 父母要以身作则

其实，除了因为年龄、生理等原因，孩子会乱发脾气，这与大人管教方式有很大的关系。父母爱发脾气，孩子也会如此，所以父母必须以身作则，做好自己的情绪管理，为孩子树立良好的典范。

4.读懂孩子的无理取闹

很多孩子身上有一个共同点，那就是无理取闹。不管父母说什么，他都不会听，却还要哭闹，不达目的誓不罢休。每当看到孩子这样，父母就会无比头痛，不知道孩子究竟想做什么，也不知道自己该怎么办。所以，很多父母都会利用强制手段压制孩子，可是父母是否明白，孩子无理取闹的目的是什么呢？

小硕刚刚进幼儿园，就和小朋友们打成了一片，每天都是蹦蹦跳跳，非常快乐。不过在妈妈的眼里，小硕却不是个听话的孩子，有时候让他回家吃饭，他却总是不愿意，总想再玩一会儿。妈妈催得急了，他还会满地打滚，边哭边闹，嚷嚷着不想回家。

看到小硕这个样子，妈妈真是气坏了，边打他屁股边骂："哭什么，有什么好哭的？你可是个男孩子，这样真丢死人！"

不过，妈妈的这种行为，并没有阻止小硕的无理取闹。妈妈觉得，只有先让小硕停下来，以后的事情才能解决。于是，她只好任由小硕哭闹。可越是这样，小硕就显得越委屈，哭哭啼啼就是不肯停下来，直到哭得没了力气，这才跟着妈妈回到家里。

妈妈被小硕的这种行为搅得心力交瘁，她不明白，小硕究竟要干什么？他的心里到底有什么想法？

相信生活中很多像小硕妈妈这样的人，对于孩子的无理取闹根本没有任何办法。打孩子一顿——可是他还那么小，真的不舍得；听之任之——如果孩子总是这样，孩子长大后怎么办？

想弄明白孩子为什么无理取闹，首先，我们还是应当从孩子的心理入手。一般来说，孩子的无理取闹只是一种外在的行为表现，在他的内心里，肯定有自己的想法，有真实的需求，只是家长没有真正了解而已。只有弄明白了这一点，我们才能正确地对待孩子的无理取闹。

对于 1 岁到 2 岁的孩子，他们对世界并没有完全熟知，内心会非常敏感，对外在失误存在着恐惧心理，所以很小的事情都会反应强烈，一不如意就号啕大哭。对于这个年龄段的孩子，父母只需适当安慰即可，他会很快走出之前的情绪。

而对于已经上幼儿园的孩子来说，无理取闹就显得有些复杂了。有的时候，孩子的无理取闹是因为激动情绪作祟，他们想要利用这种方式，赢得父母的安慰或同情；而有的时候，他们则是在发泄自己的内心的不满，比如对饭菜不满意、还想和小朋友继续玩。但是由于他们年龄还比较小，不知道怎么表达自己的想法，所以只好选择无理取闹来表达情绪。

其实，从孩子的心理来分析，他们的无理取闹行为并非是要对抗父母，而是一种情绪的流露。他们这么做，不仅不是要惹父母生气，也不是和父母做对，只是想要告诉爸爸妈妈：你们可不可以理解我一下，可不可以听到我的心里话！

所以，看到孩子无理取闹就指责他，甚至打骂他，这显然不是理智的方法。

【给爸妈的话】

孩子的无理取闹，只是在表达自己的情绪，只是想告诉你：我有话想对你们说！家长只有尝试理解孩子的这种行为，心平气和地和孩子沟通，才能控制住家中“鸡飞狗跳”的局面！

当然，如何应对孩子的无理取闹，这对父母来说可是一个大学问。如果方法对了，你会发现孩子其实不是不讲道理；但是如果方法出现偏差，那么等待你的将是孩子没完没了的胡闹、任性。

(1) 听听孩子说什么，了解孩子哭闹的原因。

一般来说，孩子无理取闹是因为自己的需求没有得到满足，喜欢的东西得不到。这个时候，父母就应该平心静气地问孩子：“宝贝，你怎么了？是不是喜欢上什么玩具了？来给爸爸说说。”这样一来，你既可以了解孩子的想法，又能让他停止无理取闹。

但是，如果你不听孩子说话，反而随手塞给他一个玩具，或只是敷衍地安慰几句，那么他内心会更加失望，哭闹得愈发厉害了。

(2) 和孩子沟通，不要轻易惩罚孩子。

面对孩子的无理取闹，父母最常采用的办法就是惩罚。比如说，孩子哭闹的时候，让孩子到墙角罚站，或是二话不说打他一顿。这只能让孩子感到委屈，感觉父母不了解自己，不关心自己。原本孩子想要树立在孩子心中的威信，这样反而威信降低了，还会刺激孩子闹得更凶。

(3) 及时给孩子安慰，不要置之不理。

有的父母认为，对于孩子的哭闹，最好的方法就是置之不理。但是，这种方法是大错特错的，因为这只能让孩子感受到孤独，感到自己不被重视和尊重，对周围的一切都心存恐惧。所以，即使父母不当面安慰，也可以请求爷爷奶奶或邻居陪他一会儿；即使不当时安慰，也要时候给予关心和安慰，让他感到父母的关心。

5.没有必要和孩子“犟”到底

看着孩子的执拗，很多家长感到非常生气，于是便和孩子犟着来，看谁先妥协，看谁先认错，好像非要和孩子一较高下似的。可是父母没有意识到，这样做反而让孩子更加反叛，拉远了与孩子之间的距离。

一天放学，莉莉想要出门找小伙伴玩游戏。这时候，爸爸说："这天都快黑了，你不过是个上幼儿园的小孩，出了危险怎么办？不许去！"

莉莉喊道："不！我们都说好了，我们要一起捉知了！"

妈妈也劝爸爸说："孩子不过是在院子里玩，又有那么多小朋友，不会出什么事情的。就让他去玩会儿吧。我一会儿就去找她。"

听完母子俩的话，爸爸更加生气了，说："我就是不让她出去！她一个小孩子还长能耐了，竟然不听大人话。"还对妈妈嚷道："就是你纵容她，惯得简直不像话！在这个家，我是爸爸，我说了算数!"

爸爸的这个样子，让莉莉心里难过极了。她不知道，为什么爸爸这么"坏"，非不允许自己出去玩。一下子，爸爸原本高大的形象在心里崩塌了。从这以后，她不想再和爸爸说话了。哪怕遇到麻烦的事情，她也不会和爸爸说，因为她觉得爸爸只会训自己。她不想再看到那么霸道、那么厉害的爸爸。

三四岁的年纪正是和父母亲昵的时候，黏着父母的时候，可莉莉却在心里如此排斥爸爸，这是多么可怕的事情！如果继续这么发展下去，她和爸爸的关系一定会越来越差，甚至有更多的隔阂。相信到那个时候，莉莉爸爸一定会后悔莫及！

任何一个父母都不愿意和孩子的关系变得疏远，让孩子内心怨着自己，甚至是“嫉恨”自己。可现在很多的父母，却不由自主地做着这种事情。有的父母脾气非常不好，孩子一不听话，就会用严厉的口吻来命令：“我是父母，你是孩子，你必须听我的话，我说了算！”这种态度，会让孩子非常气愤，认为自己不过是父母的玩具，从而对父母产生了强烈的失望。

也许父母不知道，孩子的这种不听话，是由他们的心智成长造成的。在这个时候，如果父母总是拿家长的身份来压着孩子，只会更加刺激让他恼怒，从而破坏了应有的亲子关系。所以，面对孩子的不听话，父母不要总是想当然地反对，更没有必要和孩子较劲，而是应当站在孩子的立场上，尝试着去理解他。

【给爸妈的话】

父母要明白，教育孩子不是争吵，更不是较劲，想要孩子懂事听话，就不能总和孩子孩子对着干，更不能和孩子“犟”到底，而是应该在平等的角度上进行交流。否则，你只能与孩子“较着劲”，永远得不到生活的快乐。

(1) 不要太专制，也不要直接否定孩子的想法

有的父母总认为自己是成人，思想比孩子成熟，经验比孩子丰富，懂得的道理也比孩子多。所以，一听到孩子的观点不符合自己的要求，就会大声训斥道：“你小孩子懂得什么？不行，你不能干！”“这样做是错误的，你得听我的！”结果，你的专制就会拉远与孩子之间的距离，孩子认为自己不被理解，以后再有想法也不会和你交流了。

(2) 和孩子平等交流，用商量的口吻与孩子说话

即使孩子的想法的确不对，父母也不要随意采取强硬手段，不妨多一些商量的口吻，与孩子进行平等的交流。

比如，事例中莉莉的爸爸可以这样说：“小家伙，现在已经晚上了，你一个人出去比较危险。等你长大了，才可以自己出去玩，或是有妈妈的陪伴才可以。你自己想一想，我说得对不对？”这样一来，莉莉就容易接受爸爸的意见了。

(3) 理解孩子的内心和不听话的行为

孩子毕竟是孩子，不可能像大人一样做事恰当、规矩。所

以，遇到孩子不听话的时候，或是看到孩子的出格行为，父母首先应当试着去理解，而不是和他犟。

父母可以这样对自己说：“谁都有小时候，我小时候也肯定非常不听话。我为什么要和孩子计较，总是压制孩子？”这样一来，你的心态就会平衡。当你真正理解孩子的内心和行为，那么就算得上是称职、开明的父母了。

6.孩子乱丢东西，藏着小小心思

我们经常会发现这样一个现象：三四岁的小孩子把玩具丢得到处都是，这里一个小汽车，那里一个玩具熊。爸爸妈妈好不容易把家里整理得干干净净，玩具也归置好了，可是没一会儿，孩子就随手扔到了一旁，吩咐他捡起来也没有用，只好自己跟着孩子后面收拾玩具。

铭铭的妈妈很苦恼，铭铭这个三岁大的孩子总喜欢把东西丢得到处都是，只要他够得着的，都丢得乱七八糟。

一开始，妈妈发现铭铭这个毛病的时候没有太在意，只是告诉铭铭东西不能乱丢，可是铭铭似乎不把这些话放在心里，经常是他前面扔着，妈妈在后面捡着。

铭铭总是不经意地拿起东西就乱丢，丢的速度比捡的速度还要快，幼儿园也被他搞得乱七八糟。

在幼儿园里，铭铭的小水杯经常找不到，就用其他小朋友的小水杯喝水，为此没少和小朋友们发生争执。老师问他为什么用别人的小水杯时，他就摇着小脑袋说："我不知道水杯放到哪儿去了。"

孩子乱丢东西是一个不好的习惯，可这里面却反映了孩子的心理状态。在这个过程中，孩子会感到异常兴奋，认为自己好像又多了一项大本领。比如：通过丢东西，孩子会观察物体的坠落的轨道、方式，并注意不同物体落地时的声音；他会逐渐发觉扔东西和发出声音之间是存在着必然关系的，从而学习了逻辑知识；从扔出东西到等待声音，从而学会心理期待等等。就因为如此，孩子才会乐此不疲地丢东西。妈妈刚刚把玩具收好了，他们就会兴奋地拿出来，扔得到处都是。从另一方面来说，其实，孩子乱丢东西，也只是为了引起爸爸妈妈的注意，或是希望给予他赞扬，或是给予他关心。如果父母仔细观察，会发现在孩子丢东西的同时，实际上他也是在学习。

从某种程度来说，这是几乎所有宝宝都会经历的阶段，不仅对于孩子没有太大的害处，反而对于他的的智力和心理成长都有很大的好处。所以，如果孩子乱丢玩具或是其他东西，家长也不要着急，不要一味地训斥，而是应该耐心地和孩子沟通，多给予肯定和支持，鼓励孩子主动将东西整理好。

【给爸妈的话】

尽管孩子扔东西是孩子好奇心的体现，对于孩子的成长有一定的好处。但是如果家长发现，孩子扔东西时带着强烈的情绪，或是发泄不满，或是表现得兴高采烈，无论是玩具、衣服、食物，都扔个一塌糊涂。

尤其是年龄已经较大的孩子，如果出现这样的情况，那么家长就应该及时指正孩子的行为，给予正确的引导。

父母可以采取以下几种方法，对孩子进行教育：

(1) 把不良行为变成好行为

如果孩子总把东西丢到地上，父母可以用几个大纸盒，让他把东西扔到纸盒里。

(2) 正确引导孩子

孩子乱扔东西是否能产生积极的作用，这主要由父母的态度决定。父母正确的态度应该是：在孩子开始掌握这项技能的时候，提供给孩子一些适当的玩具（比如线球、皮球等等），并创造一个安全、宽敞的环境，让孩子扔个够。但当他慢慢长大后，应注意逐渐淡化他的扔东西行为，以免养成不良的习惯。

如果孩子大了，还乱扔东西，家长就应该给孩子讲规矩，让他懂得物品用完了要放回原处的道理。当他知道了东西放回原处的好处，就会慢慢地改正扔东西的习惯。

（3）加大孩子的运动量和活动范围

父母可以教孩子打儿童童篮球或儿童保龄球，带孩子到户外与别的小伙伴玩。如果他因乱扔东西而遭到同伴的孤立，会比父母的呵斥对他的影响大一些。那么，孩子就会为了融入同伴，而改掉这个坏毛病。

（4）家长要以身作则

父母要把家中收拾得干净整洁，在这样的环境中，孩子也就不好意思随处乱扔东西了。父母还可以鼓励孩子和自己一起整理房间，整理好了，给予孩子大大的奖励，并一起欣赏共同劳动的成果，这样孩子就会珍惜房间的整洁。

（5）表扬孩子的好习惯

如果有一天孩子主动收拾物品了，哪怕只放好一两件，也要大大的表扬。表扬对巩固行为有很好的效果，受到表扬的行为容易再出现。

（6）增加孩子音乐方面的玩具

有的孩子扔东西时因为对不同声音产生兴趣，家长可以给孩子买小钢琴或可敲击的木琴，以满足孩子的好奇心和求知欲，这样孩子就不会为了听不同声音而扔东西了。

7.孩子不想上学，未必是不爱学习

很多父母对于孩子不想去上学都感到大为头痛，我们时常看到，一些孩子到了幼儿园门口可就是不想上学，不是偷偷地抹眼泪，就是大声哭闹，甚至有些孩子扒着妈妈的车就是不下车。其实，孩子不想去幼儿园也有自己的特殊的“理由”，父母应该正确地对待。

乐乐今年已经 4 周岁了，可是从去年 9 月份上幼儿园到现在，已经快有一年的时间了，有一个毛病是怎么改都改不了：每天早上上学的时候都要哭哭啼啼的，而且似乎养成了一种习惯，每天早晨不哭闹一场就不去上学。

看着总是爱哭的乐乐，妈妈也是非常着急。可是她想了很多

办法，却不见任何的效果，而且根据老师的反映，乐乐在学校的时候都是开开心心的，只是在妈妈送乐乐上学校的时候就开始哭。

对于乐乐这样的行为，妈妈一点办法也没有，丝毫不知道该如何帮助孩子摆脱这个臭毛病。

像乐乐妈妈遇到的这种情况，很多父母都曾遇到过，一些年龄大些孩子甚至可能就会以肚子疼、头疼、不舒服等为由，逃避上学。究其原因，主要是孩子离开父母，到了新环境而产生的心理不适应。尤其是对于那些刚刚离开父母的婴幼儿，忽然从疼爱呵护自己的父母身边来到了一个完全陌生的环境，难免会感到恐惧和不安。

还有些孩子在家里自由惯了，想做什么就做什么，而到了幼儿园就必须遵守老师的规矩，吃饭、上课要坐好，小手要背后，想要的东西需与人分享。他们在这些地方找不到乐趣，觉得自由受到了限制，所以从内心中不喜欢幼儿园。

同时，集体生活中老师无法照顾到每个孩子的需求，而孩子从小被家长宠爱惯了，这时候他们心理就会感到受了挫折，也会因此产生心理压力。所以孩子对幼儿园产生了抵触情绪，觉得幼儿园不好玩，一想到上幼儿园就紧张。并且，孩子之间在玩耍的时候难免出现不愉快的经历，或是抢玩具，或是磕磕碰碰，或是受其他小朋友的欺负，这也会让孩子对上幼儿园产生一种恐惧感。

总之，不管怎么样，父母不应该看到孩子因为上幼儿园哭闹就发火，应该做好孩子们的心理援助，找到他不愿意上学的真正原因，引导孩子喜欢上幼儿园，这对于他之后成长和学习都非常有益处。

毕竟孩子还小，对新环境适应能力差，心理抗挫能力差，所以才会因为种种原因不想去上幼儿园。这时候，父母不要对孩子的情绪置之不理，强行送孩子去幼儿园，这样一来，反而会让孩子更加不喜欢幼儿园，最后陷入厌学的境地。

【给爸妈的话】

父母应该对孩子多些耐心和关心，在孩子第一次提出不想上幼儿园时，就应该重视起来，积极找出原因，然后寻求正确的解决办法。明白了这一点，父母就要采取一些合理的小策略帮助孩子：

(1) 及时给孩子言语上的安慰

父母在送孩子上学前，可以多给孩子讲幼儿园的好处："宝贝，你一个人玩多没意思啊！在幼儿园有很多小朋友，可以一起做游戏、玩玩具。""幼儿园有很多好玩的玩具，还有很多你喜欢看的图画书。""等到下午放学的时候，妈妈就一定回去接你回家的。然后你给妈妈讲有趣的事情，好吗?"

当孩子知道爸爸妈妈并没有扔下他不管，幼儿园又有很多有趣的事情时，就会对幼儿园产生向往，就不再排斥了。

(2) 不要让自己的情绪影响到孩子

如果父母在送孩子上学的时候，时常抱怨孩子这做得不好那做得不好，那么就会导致孩子也产生情绪波动，不愿意去学校。毕竟，情绪是可以传染的。所以，父母一定要处理好自己的各种情绪，千万不要在孩子的面前流露出各种不满和苦恼，这样可以避免孩子增加自己的焦虑情绪。

(3) 不要提出一些过高的要求

爸爸妈妈在送孩子上学的路上，千万不要一直叮嘱孩子要听老师的话，要遵守学校的纪律，要懂礼貌，唱歌的时候要大声，画画的时候要画得好等等，因为这些过高的要求或者劝告，会让

孩子感到无法达到父母的要求，从而产生出焦虑不安的情绪。我们要让孩子感觉到学校是快乐的地方，而不是让自己“受折磨”的地方！

(4) 让孩子多和陌生小朋友玩耍，多带孩子到儿童娱乐城等公共场合

父母可以让孩子多与小朋友接触，与陌生小朋友交朋友，这样孩子的人际交往能力就会得到训练。多带孩子到儿童娱乐城等公共场合，这样孩子就不会太怕生，对于陌生环境产生恐惧，还可以增加孩子的信心和交往能力，以便更快地适应幼儿园的学习和生活。

第2章　贪玩不是毛病

——爱玩才叫孩子，让孩子在玩乐中成长

儿童天性好动，大部分健康的孩子都是很贪玩的。对孩子的贪玩家长不要过分心急，我们应该认识到，玩不是坏事，孩子能在玩中学习知识，增长才干。因此，家长对孩子的玩不应该一味加以强硬干涉，而应该区别对待，抓住孩子的心理正确引导，让孩子在“玩”中学到他该学的东西。

1.孩子不是多动，只是静不下来

很多孩子比较活泼好动，一刻也停不下来，不是摸摸这儿就是碰碰那儿，不是到处乱跑就是蹦蹦跳跳。有些妈妈只好无奈地说：“我家孩子一刻也坐不住，好像是多动症。”

小星是个聪明的小男孩,可就是每到上课，情绪波动特别大。

一会儿安静得像只小白兔，不声不响地趴在桌上假寐，一会儿又体力充盈、精力旺盛起来。有时，还偷偷摸摸地走下座位，弯下腰去拿同学的橡皮铅笔。趁教师转身书写板书时，只听“砰”的一声，循声望去，只留下飞奔而去的背影。

有时，他还会冷不丁“嗖”的一声从椅子上蹦起，窜到课桌旁的空地上，口中随即念道：“立正、稍息！”并做出自以为很标准的姿势，发出一阵肆无忌惮的笑声。有时，他用手猛力地敲打桌子，像擂鼓一般，边敲还边自我陶醉。每上一堂课，小星都会闹出许多新花样，摆出许多新姿态，搅得整个课堂不得安宁。

此外，每次完成作业，小星总是龙飞凤舞地胡乱书写一番，字迹潦草，纸面肮脏，我行我素，从来不按老师布置的要求去做。当老师批评他时，他却依旧露出一副挤眉弄眼的嬉笑神情，令教师更为恼火。一大早，孩子在教室里东奔西跑，故意锁上前后门，不让其他同伴进入，掷小石块，将作业本撕下揉成纸团扔得满地都是。

下课铃刚打响，小星便如一匹脱缰的野马霎时不见踪影。肆意奔跑、扔黄沙、砸石子、舞拳头、踢人、推人、搞恶作剧等真是无恶不作。同学们怒气冲天，家长怨声载道。小星的父母不禁怀疑孩子是不是多动症。

其实很多孩子都好动，只是小星更加活泼而已。如果父母觉得孩子不老实、调皮、不遵守纪律，并且对孩子加以种种限制，那么就大错特错了。

因为，这种做法是违背孩子的心理特性的。孩子好动，是精力旺盛、身心健康的表现。活泼好动是儿童的本性，如果小孩像个大人一样沉稳不动，倒要引起家长的注意和担忧了。我们看看身边，只有患有营养不良、重症贫血或有其他先天性疾病的孩子才不好动，还反而感觉病病殃殃的。

一般来说，孩子在婴幼儿时期，孩子的心理特征为好胜、好奇、好动、好模仿和富于想象，以好动更为突出。而好动也是孩子探索自然和社会的一种表现。他们看什么都要摸一摸、动一动、看一看，还会提出各种各样的问题来，对周围的事物都新鲜、好奇和不理解。

此外，这段时期孩子的大脑正在发育过程中，每天都要生长，这使孩子难以控制自己的身体，因此表现出自控能力比较差，稳定性弱的问题。比如小动作比较多，上课时候敲桌子，摇椅子，咬铅笔，切橡皮，撕纸片，拉同学的头发、衣服等。平时走路急促，爱奔跑，轮流活动时迫不及待，经常无目的地乱闯、乱跑，手脚不停而又不听劝阻。有些孩子还经常说一些使人恼怒的话，好插嘴和干扰大人的活动等等。

由于自控能力差，有些孩子还非常冲动任性，不服管束，常惹事生非。当玩得高兴时，又喊又叫，又唱又跳，情不自禁，得意忘形；当不顺心时，容易激怒，好发脾气。这种喜怒无常、冲动任性，常使同学和伙伴害怕他，讨厌他，对他敬而远之。同时，在上课的时候很难集中精神，上课不认真听讲，做作业也马马虎虎。

所以爱动、多动是孩子天性使然，也是这个阶段孩子的主要特征，只要孩子不做出出格的事情，家长就不应该太过限制，否则会影响孩子身心的健康成长。

【给爸妈的话】

当发现孩子有好动的情况时，最好的办法不是针锋相对地跟他对着干，给他施加压力，而是采取一些温和的方式对他进行引导，帮助他更好地认识自己。

(1) 加强集中注意力的培养

要想孩子不是过分好动，父母就要逐步培养他静坐集中注意力的习惯。具体做法，可以从看图书、听故事做起，逐渐延长其集中注意力的时间；也可请求老师把他们安排在教室的第一排座位上，以便在上课时能随时得到老师的监督和指导。

如果经过这样的训练后，孩子在集中注意力方面有所进步，那么应及时表扬、鼓励，以利于强化。

(2) 培养他们的自尊心和自信心

想让孩子摆脱好动的毛病，父母就应耐心地、反复地对他进行教育和帮助，以此培养他们的自尊心和自信心，消除他们所存在的紧张心理，帮助他们提高自控能力。

除此之外，父母还应和医生经常保持联系，帮助医生了解教育孩子的情况，征求医生关于治疗上的指导性意见，有条件时，应争取医生、家长、教师三方面的合作，共同搞好教育。

(3) 培养有规律的生活习惯

孩子好动，归根到底是因为生活习惯不规律。所以，父母就应当培养孩子养成规律的生活习惯，要求孩子按时饮食起居，有充足的睡眠时间。

此外，父母更不能应迁就孩子的兴趣。比如他们想看电影、电视至深夜，你不能随意就答应他们。

(4) 把过多的精力引导起来

孩子好动，说明他拥有了过多的精力。父母要对孩子进行正面的引导，使他们过多的精力能发挥出来。父母可以组织他们多参加多种体育活动，如跑步、打球、爬山、跳远等，如有条件，应安排他们做一些室外内活动，使他们过多的精力能释放出来。

但需要注意的是，父母在安排他们进行活动时，应注意安全，避免发生危险。

(5) 增强孩子的自控能力

孩子多动，是因为自控能力比较差，家长可以让孩子学习约束自己的行为，管理自己的不良情绪。这样孩子自控能力加强了，学习和生活就有了进步和提高。

2.淘气，不能不分青红一概压制

几岁的孩子正是淘气的时候，老人不是有句话吗，“三岁小孩，猫狗都嫌”。甚至有些家长觉得，从孩子能够爬开始，淘气就慢慢表现出来了。在宝宝爬的过程中，有时候他还会把能看到的、能触摸到的东西放入嘴里；有时还会把废纸篓弄翻，把里面的东西扬得到处都是；会把抽屉不停地打开、关上……

从从是个两岁半的小男孩，正处于淘气的阶段，在家里可真是一刻也不停地“闯祸”，只要大人稍不留神，他不是弄坏东西就是打碎碗杯，邻居们都说从从是个小淘气。

一天，妈妈刚下班回家，还没来得及做家务，从从就缠着妈妈说要喝牛奶。妈妈只好给他热牛奶，让他自己乖乖地坐在小凳子上面喝。过了一会儿，妈妈听见屋子里没有了动静，不放心地出来探头张望了一下，看到从从不但没有乖乖地喝牛奶，还把奶嘴塞在小狗的嘴里，喂小狗喝牛奶，地上滴滴答答洒了不少牛奶，妈妈见状哭笑不得。

孩子之所以淘气，好奇心是最重要的原因。这时候的孩子还不知道什么事情应该做，什么事情不应该做，不懂什么东西是重要的，什么东西是不重要的，所以经常做出令家长头疼的事情。即使父母对他说“不要去摆弄那些东西”，他也照旧淘气不误。所以，父母要加强管理，把这些东西放在孩子看不到、拿不着的地方。

要知道，孩子最淘气的年龄在 3 岁左右，所以，父母即使感到不方便也要忍耐到孩子 3 岁以后，一过了 3 岁，孩子就会失去兴趣了。比如，很多孩子会对水感到非常好奇。在洗手时，两三岁的孩子只有玩水的心情，而没有把手洗干净的想法。所以，他常在水龙头处转来转去，用手指去堵水、玩肥皂等。而一过了4岁，孩子就不再这样淘气了。所以父母不必因此而可以训斥，让他按着这个过程发展，一般在未来都会逐渐改变。

从心理学上的角度来说，孩子淘气是基于自发性意志的表现。除了对好奇心的因素外，孩子“淘气”也有以下的原因：

(1) 极强的表现欲望

有些孩子爱淘气，是因为他的表现欲极强，想要引起父母的注意。但是这时候的孩子，对自己行为的自控能力还远远不够，所以常常做出了父母不欢迎的事情来，成了“淘气”的行为。比如，他可能将一个一个汽车模型用强力胶粘在一起，自制了火车，或是把妈妈心爱的大衣或外套拿出来，架成一顶露营帐篷，这些行为都是为了让父母看到自己多么厉害，渴望父母的夸奖。

如果在这个时候，父母对孩子加以严厉处罚，那么很可能扼杀孩子的独立思考能力。

(2) 逆反心理

由于孩子的好奇心很强，所以，他对很多事情都会表现出渴望。如果这个时候，父母越是不让看，越不让做的事情，孩子偏偏要看要做，这样就可能出现淘气的行为。

此外，还有些孩子了解到，他可以从一些捣蛋、恶作剧的行为中获得“整人”以取悦自己的乐趣，这是他最新发现的表现幽默的方式。比如，有些孩子会拿死蟑螂放到姐姐桌上，吓得姐姐哇哇叫，他则在旁边乐不可支。从孩子们翻新的“整人”功夫上可以看到，孩子的智力增长极为神速，但是淘气的行为也随之出现。

(3) 精力过剩

随着孩子年龄的增长，各种能力不断提高，但父母所能提供的活动环境和条件不能满足孩子需要，他们的精力根本“无用武之地”，那么自然就会不断地淘气，不断地闯祸了。

总之，孩子淘气并非都是坏事，它有可能使其意志变得坚强，对孩子自发性的发育成长是大有好处的，所以家长不能不分青红皂白到底压制。

【给爸妈的话】

孩子过于淘气，这让父母头疼无比。其实，只要了解了孩子的内心，淘气的孩子也可以变得非常乖巧。

（1）积极引导孩子的行为，不要过于放纵

我们可以允许孩子淘气，但千万不要对孩子听之任之。因为孩子缺乏自我管理能力，对自己的行为无法把控。如果父母缺乏正确的管教，孩子的淘气就会逐渐演变成不良的行为。

比如说，孩子出于淘气把东西弄坏了，开始可能是好奇，想看看里面是怎么回事，但如果家长任孩子一再地弄坏东西，孩子的行为就可能演变成破坏性行为，变成了有意识地进行破坏了。

（2）倾听孩子的需要，多多关心孩子

有时候孩子的淘气是为了引起父母的注意，这个时候父母就应该去关心他，倾听他的要求，然后对他进行合情合理的教育，让孩子知道父母是关心他的，使他达到心理上的平衡和安慰。

更为重要的是，对这一类孩子，父母平时要多注意观察其行动，知道那些淘气行为是为了引起父母的注意。

（3）及时教育孩子，让孩子学到东西

孩子淘气的过程，正是父母对他教育的最佳时机。比如，孩子把东西向水盆里扔，这是孩子的探索行为，父母要理解孩子，并抓住机会引导他，可以和孩子一起做玩水游戏，做个沉浮小实验，同时告诉孩子，什么东西不怕水，什么东西怕水，怕水的东西不能放进水里的等。

如果父母可以这么做，那么，孩子的探索兴趣得到了满足，又获得了有关的知识，增强了动手能力。

(4) 千万不要扼杀了孩子的好奇心

孩子的很多淘气行为可能是对于某些事物有好奇心，如果父母因为孩子的淘气行为而严加斥责或打击，那么，他的求知欲望就会被泯灭，正在萌发的自信心也会遇到扼杀。

但是父母也应该把握好尺度，要求孩子不影响大人工作或损坏东西。这样，既能满足孩子的好奇心，又能使他获得新知识，形成好行为。

3.对于人来疯，不要一棒子打死

很多孩子平时很乖巧，听父母的话，可家里一来客人，或是到了公共场合，就“人来疯”。

这是因为，2 至 4 岁的孩子正处于喜爱自我表现的年龄阶段，他们非常渴望别人注意自己。如果大人忽视了他们，他们就会做出一系列奇怪的举动，想要把大人把注意力转到自己身上来。而家里有客人来拜访的时候，爸爸妈妈出于礼貌需要，自然会把客人放在第一位。当大人们在一起谈话，或是忙着准备饭菜时，孩子就会觉得自己被冷落了。这时候，孩子只好做出一些怪异的举动，在大人谈话时不停地插话，好让你们注意到他。

小涛六岁了，平时家里没有客人时，他还算比较听话，也守规矩。可是，只要家里来客人，那他就像是有了保护神似的可疯了。大人们说着话，他就拿着自己的玩具狠狠地往地上砸，声音越大，他越得意。

有客人在，妈妈也不好意思管他。但是越放任不管，小涛就越来精神，甚至还把妈妈的内衣翻出来展示给客人看，弄得妈妈满脸通红。妈妈一把抢过来放回柜子，小涛偏要再去拿，气得妈妈给了他一巴掌，小涛便哇哇大哭起来。

相信家长们对小涛的行为应该都不会感到陌生吧！这就是典型的“人来疯”。孩子发起“人来疯”，委实让父母哭笑不得。可这是一种在孩子中非常普遍的现象。这与他的年龄和心理成长非常有关系。

医学上曾经进行过研究，孩子“人来疯”，这是由于孩子的大脑皮层发育尚不完善，稍加刺激就容易兴奋，而孩子又缺乏自我控制能力，加上以自我为中心的心态严重，特别是有的家庭不常来客，一有客人来对孩子的刺激就更强烈。

通常，“人来疯”的孩子都是独生子女，他们平时大都过着规律的生活，家中的一切对于孩子而言都是熟悉的、平静的，这样就使孩子产生了单调的情绪，一旦家里来了客人，或被带到一个新的陌生的环境中，就容易给孩子一份新的刺激，引起他的兴奋。

所以说，孩子“人来疯”表面上就是由于家有客人这个主观因素造成的。但事实上，还是由于孩子的心理造成。孩子的行为习惯较差，不懂得应该怎样面对客人，而且感觉到有客人在，父母不好意思训斥自己，因此更加放肆。当然，还有的孩子则表现欲较强，喜欢在众人面前表现，希望成为众人的焦点，但又不会掌握分寸所造成的。

除了孩子的个人心理因素，孩子的“人来疯”还与他的身体发展有着密切的关系。在幼年阶段，孩子的大脑神经系统抑制功能还不是很完善，一兴奋起来就难以控制。加上父母平时对孩子管束过严，一旦客人来了，孩子会发现父母当着客人的面对自己和气多了，他就会利用这个机会释放自己，胡言乱语做“恶作剧”了。

【给爸妈的话】

对于孩子的“人来疯”，父母不要一棒子打死，因为这是孩子正常的心理表现。其实，孩子在客人面前一反常态的表现，就是以自己独有的行为方式来表达自己的内心感受，宣泄他们心中的喜怒哀乐，以达到心理平衡。

所以，当孩子“人来疯”后，父母不要马上急着训斥。在平时，家长要帮助孩子分清哪些言行能够恰当地在客人面前表达，让孩子能够根据自己的特点和擅长表现自己，以此满足孩子想要表现自己的愿望。

（1）让学习懂得礼貌，约束孩子的行为

想要孩子不再“人来疯”，就要在平常约束孩子的行为，让他学会礼貌。父母可以经常带孩子外出，学习待人接物的方法及礼貌行为。同时，父母要让孩子变得独立，养成不纠缠大人、不妨碍大人做事的习惯。

（2）不要冷落孩子，要把孩子介绍给客人

当客人来到家中时，不要冷落了孩子，把他当作一个健全的人。向孩子介绍客人，也向客人介绍孩子，建立双方的熟悉感。父母也可以让孩子参与到大人的聊天中，还可以请孩子帮忙准备茶点，并做小小向导，介绍家中的陈设，或是分享照片等。这样不仅让孩子不会感到被冷落，还可以学习基本的社交礼仪。

(3) 给予孩子夸奖和鼓励

给客人介绍自己的孩子，在简要介绍的同时，不要忘记稍加夸奖与鼓励。比如，“我家孩子是个非常懂事的孩子，最会自己玩了”等。这样孩子就不会纠缠父母，而是在旁边自己玩耍了。

(4) 提前疏导孩子，给孩子安排有趣的事情

为了不让孩子过分纠缠自己和客人，父母可以事先安排好有趣的事让孩子暂时回避，如去邻家或门口玩。当孩子没地方去时，也可以取出孩子最喜欢的玩具或图书，并把糖果点心拿些给他。

当然，如果孩子非常希望能在客人面前表演才艺，那么父母也不要过分打压。客人来后，在时间条件允许的情况下，可以让他在客人面前表演一些小节目。如唱首歌、背段儿歌等等。

(5) 不要当场训斥孩子，应该暗示孩子的行为过分

如果孩子在客人面前表现出“人来疯”，父母最好也不要当场训斥。这会让孩子自尊心受到伤害，往往还达不到制止的效果。这个时候，父母可以暗示道：“客人阿姨最喜欢听话的孩

子，快去自己玩吧!”与此同时，父母还可以用较严厉的目光或稍用力地拍孩子的肩膀，暗示自己的不悦。

但是父母在事后应该教育孩子，表现好时给予奖励，表现差时给予批评，让他知道什么行为是正确的，什么行为是错误的。

(6) 不要溺爱孩子，不要对孩子期望过高。

孩子“人来疯”主要原因，就是父母对他的溺爱和期望值过高、过重。有些家庭对孩子过分溺爱，不管孩子的要求是否合理，一概给予满足，使孩子变得自私、任性，在客人面前对父母的话置若罔闻，无理取闹；而有些家庭对孩子期望高、管束过严，严重抑制了孩子喜玩的天性，当有客人在场时，家长的注意力更多地集中在待客上，孩子往往会抓住时机尽情释放自己。

4.模仿是种天性，榜样是个关键

小孩子很爱模仿，这是孩子的天性，我们时常看到，有歌星正在唱歌，孩子会咿呀呀地学起来；街上，有一只小狗跑过，孩子也会模仿它的动作，趴在地上向前跑；爷爷说话，孩子也会模仿爷爷慢吞吞的说话声；可当听到大孩子骂人，说脏话的时候，小孩子也很快就会模仿了。

所以很多家长既高兴又担心，看着孩子可爱的模仿行为高兴，却又担心孩子模仿坏的习惯和行为，又因为孩子模仿不恰当的行为而大怒。

随着一天天长大，如今，3岁的新新模仿能力越来越强。上个星期，他看到一个阿姨拿着电蚊拍打苍蝇，于是，他也找来了一个羽毛球拍，追着苍蝇乱跑。转了一大圈，估计他觉得应该拍得差不多了，又找来扫把扫起地，因为阿姨每次拍完苍蝇总得把地板扫一扫，这也让新新记下了。

前天早上，爸爸上班前，突然看见新新拿着一把没有刀片的剃须刀，正在脸上乱刮。爸爸不解地问："新新，你在做什么啊?"新新认真地回答道："爸爸，我这是在学你刮胡子啊!"

爸爸吼道："你瞎学什么！是不是爸爸抽烟，你也要学一学!"

一下子，新新被吓坏了，他丢下剃须刀，大哭着跑出了门。从这以后，他再也不愿和爸爸说话了，见到爸爸总是低头快步离开。

"每一个孩子都是天生的模仿家"，相信很多父母都不了解这句话。不然，怎么会有那么多爸爸妈妈看到孩子的模仿行为，会感到哭笑不得了？

其实，孩子好模仿的原因，常常与好奇心有关，看见别人玩什么，自己也玩什么；看见别人有什么，自己就想要什么。这种模仿行为，是自出生之时就有的。

婴幼儿专家分析，孩子天生就有一种模仿别人的能力。出生不久的孩子，就会模仿成人伸舌头等动作；八九个月以前的宝宝，模仿的内容倾向于情绪性的表达，例如，挥手说再见、双手合一表示“谢谢”、拥抱、亲亲等；稍大的孩子则倾向于模仿工具性的行为，例如，扫地、煮饭、按各类开关、学着妈妈喂布娃娃吃饭等。对孩子来说，他通过模仿来学习使用各种工具，以表达他对被模仿者的爱意。

尤其是当孩子到了2岁时，他们的独立思维已经逐渐形成，接触的事物、知识的积累已经越来越多，所以，就会对别人的行为产生了兴趣，不由自主地模仿了起来。从这个方面来看，这并非是孩子们“变坏了、不听话了”，而是孩子长大的一个表现，是他们摸索世界的一种手段。

可以说，对于2至4岁的孩子，他们能看到的一切，都是他们模仿的对象。所以，父母千万不要对他训斥，这不仅会激起孩子的反抗情绪，还可能让孩子丧失了解世界、探索世界的能力。

所以，对于孩子的模仿行为，父母不妨宽容一点。当然，2至4岁孩子的模仿行为是无目的性的，好的行为模仿，坏的行为也模仿，父母一定要对孩子加以引导，更要给孩子做好榜样。

【给爸妈的话】

孩子的模仿行为实属正常，父母不妨放宽心态，这样孩子才能发挥天性，增强探索世界的能力，并且变得越来越自信。我们不妨可以做到以下几点：

(1) 对孩子的模仿一笑而过，多鼓励孩子模仿

有的时候，孩子会对小动物或者一些滑稽的动作更敏感，例如满地乱跑的小兔子、马戏团里的小丑。看到这些，孩子会下意识地大笑起来，然后学着他们的样子，以此取悦自己。这时，父母不要认为孩子这么做是丢面子的行为，因为在孩子的心里，快乐才是最重要的！所以，父母不妨一笑而过，甚至还可以对他说：“孩子，你可真厉害！”

(2) 强化良好的行为举止，给孩子做好榜样

在孩子的眼中，没有什么是“好事”“坏事”，只要感兴趣

的他都会进行模仿。为了防止孩子学会一些不好的行为，父母应该引导孩子，不要让孩子模仿别人的坏习惯、小毛病。

当然，父母是孩子最好的老师，如果你总是不注意自己的言行，东西乱扔，说话有脏字，那么孩子很快就会模仿。所以，父母应该强化自己良好的行为举止，如果孩子学着你的样子正在做好事，那么，你一定要及时表扬、鼓励他，使这种好的行为得以保持。

比如，当你扫地时，孩子也拿着扫帚在屋里扫地，这个时候，你就不要吝啬赞美的语言，对他说："宝宝真能干，会帮妈妈做事啦！"甚至，父母还可以奖励孩子一个拥抱、一个亲吻，让孩子从心底感觉到：爸爸妈妈喜欢我模仿好事！

5.自由成长，才是最好的成长

小孩子需要自由成长，虽然这中间少不了磕磕碰碰，但是这才是最好的成长，这才能让孩子尽快地成长。然而很多时候，父母觉得孩子太小了，太脆弱了，必须好好保护才能不受到伤害，以至于让孩子成为了"温室中的花朵"。

露露快 4 岁了，妈妈为了保护好孩子，事事小心，冷水不能碰，容易感冒；台阶太高了，抱着下去才安全；就连吃饭都是拿勺子吹凉了才给孩子吃。

有一次，露露想吃烤红薯，缠着妈妈非要买。妈妈说：“路边红薯不干净，妈妈回家给你做，好不好？”可露露就是不答应，妈妈拗不过孩子就给她买了一个。之后，妈妈就找了一个长椅坐下来，开始剥手里的红薯，露露高兴地说：“我也要剥，我也要剥。”

可妈妈又说：“红薯太烫了，会烫伤你的。再说，你剥不干净，吃了会生病的。”

露露却不依，急着说：“我要剥嘛，我就要剥嘛。”妈妈这下有些生气了，大声说：“不行。这孩子怎么不听话呢！”露露只能满脸委屈地等着。

最后红薯剥完了，妈妈喂给露露吃，小女孩却生气地说：“我不吃！哼！你不让我剥，我就不吃了。”妈妈虽然生气，但是也无可奈何，只能自己吃了整个红薯。

很多家长像露露妈妈一样，害怕孩子受到伤害，不让孩子做自己喜欢的事情。父母表面上在保护孩子，其实，剥夺了孩子自由成长的机会，对孩子健康成长产生了不利的影响。

比如，孩子想要自己穿鞋，可父母觉得孩子还小、自理能力差，所以就替孩子穿鞋。以至于孩子都四五岁了还不会穿鞋、穿衣服；孩子喜欢跑跑跳跳，喜欢和别的小朋友在花园中玩耍，可父母却担心孩子会摔倒，不让孩子跑跳，看到孩子上台阶就立即制止。

随着孩子年龄的增长，心智会逐渐健全，当他想要剥红薯、想要穿衣服，甚至想要挖沙土的时候，就是体现这个行为的动作、过程，甚至是做这个事情的感受。如果这个事情做好了，孩子的内心就会感到非常满足。这是孩子心智发展的需要，这也是孩子成长的必然阶段。如果家长一味地宠爱孩子，什么都不让孩子做，那么就扼杀了孩子自由成长的机会，对于孩子身心发展和心智成熟有很大的害处。

另一方面，当孩子到了三四岁之后，内心和思想都非常渴望独立，想要自己做自己的事情，这也是孩子身心趋于独立的过程。一旦家长出面制止，那么就会剥夺孩子在思想上的独立，让孩子感觉失去了自由，这种自由不仅是行为上的，更是思想的。

我们知道，不管是任何人，只有经过了各种尝试才能独立和成长，孩子更是如此。家长一定要重视心理学家所提出的“蛋壳效应”，不要把孩子培养成一个外表完整光洁的蛋壳，却只要轻轻一捏就会碎掉；一旦离开父母的保护，就成为了折翼的小鸟。这对于孩子是一种最大的伤害。所以，要想孩子健康强壮地成长，一定要给他们自由活动的空间，不要给予太多的干涉，不要过度保护和溺爱。

【给爸妈的话】

自由成长，才是最好的成长。到了孩子三四岁的时候，爸爸妈妈要学会放手，多培养独立自主意识，多鼓励孩子自己完成自己的事情，这样是对孩子最好的教育。父母应该做到以下几点：

(1) 给孩子自由，让孩子自由地选择

父母要给孩子自由，让孩子自由选择做什么事情，不管孩子的选择是错误的还是正确的。如果孩子选择错误了，家长也不能直接制止，而是在事后让孩子知道自己错在哪里了，让他懂得之后如何选择。

(2) 让孩子自由地尝试

只有不断地尝试，孩子才能得到成长。比如 1 岁左右孩子学走路时候，难免会摔跟头，可是只有不断摔倒不断爬起，才能学会走路，才能走得更稳。当孩子想要做某件事情的时候，父母要给孩子尝试的自由，这次做错了，也许下次他就做对了。更何况，对孩子自己来说，做错的事情更容易被孩子记住，比父母的经验教育更有震撼力。

(3) 不要过多地批评孩子

在孩子成长的过程中，父母要敢于放手，要多给孩子鼓励和支持，而不是过多地批评孩子。过多的批评会损害孩子的自信心，时间长了，会形成“我不敢，我不行”的自我否定的心理暗示，让孩子缺乏开拓力和创造性，甚至还会形成胆小、怯懦的性格。

6.孩子注意力不集中，重在科学引导

很多人说，小孩子没有长性，做事情容易半途而废，也容易注意力不集中。其实，这种现象都是非常正常的。根据心理学家研究，一个 5 岁左右的孩子，注意力集中的时间只有 14 分钟左右。所以让他们专心地做一件事情，是非常不容易的。同时，孩子的兴趣和厌烦是交织在一起的，所以我们看到孩子一会儿想画画，一会儿被电视里的动画片吸引，可过了一段时间，孩子又想

画画了。

5 岁的笑笑上幼儿园中班，很快就上大班了，可总是不能集中注意力，做事不专心，老师上课的时候她却在下面搞小动作，就是听妈妈讲她爱听的故事也时常东张西望，抠抠这里，摸摸那里。

有一天，笑笑正在搭积木，可还没有完成，看到了新买的画册，竟突然又去画画了。妈妈耐心地对她说："笑笑，你应该搭完积木再去画画。积木搭成这样子多难看啊！"可笑笑却高声说："我不要，搭积木太没意思了。我要画画，这个新画册太漂亮了。"

妈妈见孩子这样，就没有说什么。可没过多久，妈妈从屋里出来的时候，却看见笑笑早就不画画了，反而玩起了小汽车。

笑笑妈妈感到非常着急，孩子注意力这么不集中，上小学的时候该怎么办啊？

孩子注意力不好，其实和年龄与身心发育水平有直接的关系。几岁的孩子，对于这个世界充满了好奇，渴望探求自己不明白和不了解的事情。但是由于心智的不成熟，孩子们没有长性，很容易对某件事情或是某个东西厌烦，于是就会把目光转移到其他地方。比如一个孩子看到新玩具，刚开始非常喜欢，爱不释手，可过了一会儿，等他对这个玩具熟悉之后，就会感到厌烦，就会随手扔了。

事实上，孩子在5岁之前，注意力都是分散的，这属于正常现象。这是因为孩子注意力集中的品质还没有发展，所以常常不能把注意力集中在应该注意的事物上。这时候，如果之前的事情刺激性较强，孩子过于兴奋，孩子反而会更容易分心。再加上孩子的好奇心重，容易受到外界事物的干扰，所以一有新鲜的事物就会吸引他的注意力。比如，鲜艳的色彩、各种声音、流动的人和车辆等都可能导致孩子注意力的分散。

虽然孩子注意力分散是正常现象，但是父母也不能放任，一旦这个习惯保留到上小学时期，那么对于学习很难提高。父母应该在平时多引导孩子，有意识地培养注意力集中，让他做事更专心，这无疑对孩子的成长非常有益。

【给爸妈的话】

孩子注意力不集中，做事虎头蛇尾，不能专心地完成一件事情，或是一会儿想做这个一会儿又想做那个，这很容易对其成长造成不良影响。父母应该及时给予引导，寻求科学的方法，帮助孩子培养专心做事的好习惯，让孩子更健康地成长。

(1) 让孩子明确活动的目的

当孩子明确做某件事情的目的时，注意力保持的时间就会长一些。比如，当孩子画画的时候，不妨对孩子说："宝贝，你想画什么啊？可不可以给妈妈画一朵花啊！"或是说："宝贝，画花都需要画什么啊？对，有绿绿的叶子，红红的花朵，还有花蕊！"这样孩子的注意力就会集中一些。

(2) 让孩子看到自己的成果

父母要让孩子看到自己的成果，并且给予肯定赞赏，当孩子体会到成功的喜悦，那么就会坚持下去。比如，孩子拼拼图的时候，如果找到了正确的部分，父母应该及时说："宝贝，太棒了，你又找到了正确的图片。"一个个小成功，会让孩子有做下去的动力，还会让孩子变得更加自信。

(3) 不要轻易打断孩子，给孩子一个安静的环境

如果孩子喜欢玩一件玩具，当他非常投入地玩时，父母千万不要轻易地打断孩子。当他再做自己喜欢的事情时，也不要在旁边走来走去，给孩子一个安静的环境。因为父母一旦多次打断孩

子，或是造成干扰，那么孩子的专注就很难形成了。

(4) 不要让孩子同时玩几个玩具

很多时候，孩子想玩玩具的时候，父母为了省心省力，就把一篮子玩具拿到孩子身边，让孩子随便玩。这样的行为对孩子有很大害处，因为孩子没有选择能力，一下子不知选择哪个好，玩什么都不能安下心来，这个想要，那个也想要，就容易造成注意力分散。

(5) 给予孩子鼓励和奖励

当孩子进步的时候，注意力比以前好的时候，父母应该多多鼓励，还可以给予适当的奖励。即便孩子做某件事情时，只比之前专心多了两分钟，也要给予奖励和表扬，这样可以刺激孩子不断改善自己的行为，越来越专心。

7.破坏，也许并不是孩子的本意

很多家长经常无奈地说："我家孩子就是一个'破坏王'。刚给他买的玩具，十分钟就破坏了，家里能拆的玩具都拆得差不多了。"小男孩明明也是这样，让爸爸妈妈很伤脑筋。

爸爸给明明买了一个机器人，明明非常喜爱，把它放在手里来回摆弄个不停。机器人那灵活多变的姿态，让他痴迷。

可是没过几天，爸爸就不见明明玩它了。一次不经意，爸爸在阳台的角落发现那个让明明着迷的机器人，这个已经让明明拆得四分五裂的机器人着实地吓了爸爸一跳，爸爸把明明叫过来问了个究竟："明明，机器人怎么让你拆成这个样子啊?"明明说："没什么啊，我只是想看看他里面是什么样子的，为什么这个机器人会说话，还会走路。"爸爸哭笑不得。

过了几天，妈妈给他买了一对玩偶，明明也是很喜欢，动动眼睛，摸摸头发，还没等一会儿，脑袋就搬了家。明明爱拆东西的毛病，让爸爸妈妈都不敢给他买新玩具了。

父母不要觉得孩子是在故意搞破坏，其实这种破坏欲与他的心理成长有很大关系。大部分家长觉得孩子三四岁才有破坏欲，时常破坏东西，不是撕毁爸爸的书，就是弄坏自己的玩具。其实，孩子在六七个月时，就已经显示出些许的破坏欲。

比如，玩汤匙。当孩子手拿汤匙时，会咬一咬、敲一敲，下一步就是把它扔到地上。这个时候，如果你拾起来还给他，他等一下又会把它扔掉。这种小小的"破坏"举动，时常让父母感到不解，这个时候，我们要知道，孩子并非故意做坏事，也不是要惹你生气，这是他开始探究事情因果关系的过程。

而到了 3 到 5 岁的时候，这种破坏欲会变得更加强烈和明显。这时候，孩子开始接触和认识外界的一切，对于自己遇到的东西，他会利用摸一摸，尝一尝，闻一闻，偶尔也会摔一下的方法，来看看它会产生什么样的反应。在这种心理的驱使下，孩子就会把自己感兴趣的东西拆开，看看它到底是什么样子的。比如汽车为什么可以跑，玩具熊为什么会发出音乐的声音，等等。

可以说，孩子喜欢破坏东西其实就是因为孩子有探索欲、好奇心，是孩子学习、探索的一种表现。对于孩子这个充满好奇的年龄而言，他们在玩玩具的过程中，会观察到许多非常奇妙的现象，从而产生许多疑问。孩子拆东西是探索的开始，他们对于东西里面的世界更为好奇，于是就迷恋这种拆东西的行为。所以我们会发现，越是聪明的孩子好奇心越强，好奇心越强，破坏欲就越强。正是借助这些“破坏行为”，他们开始了探索世界的过程。因此，这个过程也就是他们创造性思维的萌芽。

当然，什么事情都有特例。比如说，有的孩子拆东西完全是为了一种心理上的发泄。这种孩子往往具有攻击性的性格，不断地把玩具作为发泄不满的对象。不过父母也要知道，孩子发泄的对象绝不是玩具本身，而是其他人，或是父母的行为令他不开心了，或是与其他小朋友发生矛盾了。这时候父母就应该注意引导了，要引导孩子正确地发泄自己的情绪，不要随意破坏东西。

【给爸妈的话】

如果孩子爱搞破坏，父母不要太着急，也不要显得过分激动，最关键的是不要处处限制、束缚他们的行为，否则就会扼杀他们的好奇心和探索欲，不利于孩子培养自信、勇敢、创新的精神。

因此，在教育这类孩子的时候，父母需要学会正确的方式方法。

（1）对于破坏给予耐心教育

如果孩子对一件玩具、一件东西进行破坏，这个时候，父母可以和孩子好好谈谈，耐心地进行引导和教育。我们可以把这件东西比喻成小动物，受到伤害会感到痛苦，这样孩子就不会肆意地破坏了。

如果孩子破坏东西，是因为发泄情绪，父母则要告诉孩子即使发火，也不要拿东西出气，告诉他破坏东西的后果。

(2) 给予孩子一定的惩罚

如果孩子是因为恶作剧或者胡闹而任意破坏公物，那么，父母一定要进行适当的教育，除了告诉孩子不能这样做之外，还要强迫他做一些劳动作为惩罚。

让孩子通过劳动来惩罚自己，这样，不仅能够让他认识到自己的错误，也会体会一下他人劳动的辛苦。如果孩子故意把杯子打碎，或是在墙上乱写乱画，那么父母就应该让孩子把打碎的杯子清扫干净，或将墙上的污迹去除。

(3) 让孩子自己处理“灾后”现场

不管孩子因为什么破坏东西，父母都应该让他自行处理，做好善后的工作。比如，把机器人的缺手装回，如果孩子无法独自安装玩具，父母也可以帮忙，并且利用这个过程让孩子认识玩具的构造，一旦好奇心得到满足，就不会随意破坏了。

8.孩子爱玩，更爱父母陪他玩

爱玩是孩子们的天性，孩子就是在玩耍中长大的。刚刚出生的孩子会玩自己的手，长大之后慢慢地学会玩玩具，做游戏。在游戏中，孩子可以培养耐力、独立动手的能力，尤其是一些冒险游戏，更培养了孩子的韧性、勇气。这就是在玩中学习、在玩中成长。

不过，与自己玩相比，孩子们更希望父母能够陪自己玩，在这个过程中，孩子不仅能够体会游戏的乐趣，还感觉到了父母的关爱和对自己的重视。

6 岁的小爱非常爱玩，可与自己玩游戏，和小朋友做游戏相比，她更愿意让爸爸妈妈陪伴自己。

一天，爸爸带小爱到附近的小山坡上去玩，这个山坡有些陡，上面长着杂草，还有些石块。但是对于爱冒险的小爱来说，这并不算什么，她拉着爸爸的手说："爸爸，我们爬上去看看吧!"爸爸看了看山坡，说："你自己爬上去吧。我在下面等你，你不是最爱冒险吗?"可小爱说："我想和爸爸一起爬。"爸爸无奈地说："我一个大人爬山坡像什么样子?你自己爬吧!"

可小爱仍不依不饶，爸爸只好答应了女儿的要求。小爱在前面爬，爸爸在后面跟着，开始她跌跌撞撞地前行，后来干脆就手脚并用了，一面爬坡还一面招呼后面的爸爸："爸爸，快点啊。我们就快到山顶了。"而爸爸因为担心孩子的安全，又怕别人看见尴尬，所以只能小心翼翼，谁知一个不小心就跌倒了，裤子、上衣都是灰土，狼狈极了。谁知小爱看见爸爸的样子却哈哈大笑起来。爸爸看着女儿高兴的样子，又想着自己的狼狈样，也笑了起来。

最后，小爱和爸爸一起爬上了山顶。虽然爸爸灰头土脸，小爱也俨然成了小土人，手上还划了口子，但是父女两人却感到无比快乐。小爱体会到了冒险和爸爸陪伴的快乐，而爸爸也陪伴了孩子的成长，感受了天伦之乐。

事实上，如果父母能够陪孩子玩、陪孩子游戏，则可以让孩子在游戏的时候更投入，觉得父母就是自己的朋友，这对于孩子的成长非常有帮助。另一方面，父母在陪孩子做游戏的时候，还可以借机增进亲子感情，培养孩子的意志力、勇气、自信心等等。

然而很多父母宁愿把时间浪费在手机或网络上，也不愿意陪孩子玩。当孩子要求父母陪自己玩的时候，他们总是不耐烦地说："去，去，去，到一边去玩。"还有些家长总是以忙碌为借口，"我每天工作那么忙碌，哪有时间陪孩子玩啊！"在大多时候，家长认为没时间陪孩子玩也没事，只要多给孩子买玩具，孩子一样可以快乐地玩耍，快乐地成长。

可是这些父母不知道，再高档的玩具也代替不了父母的陪伴、关心。当父母陪伴孩子做游戏的时候，孩子会感觉父母和自己就是朋友，是爱自己的。而当父母拒绝和孩子玩，总是把孩子丢在一边，会让孩子认为父母不喜欢自己，不关心自己。特别是当孩子看到别的小朋友有爸爸妈妈陪伴的时候，他就会更羡慕其他人，就更怀疑父母是否讨厌自己。

时间长了，孩子就会变得不爱和父母说话，有事情也不愿意和父母分享。我们都知道，孩子小时候遇到什么新奇的事情，总是会迫不及待地告诉爸爸妈妈，因为父母是孩子最信赖和亲密的人。如果父母感兴趣地倾听，孩子就会更加兴奋，就会对世界的探索更加有兴趣。可如果父母多次拒绝分享孩子的快乐，那么孩子会像泄了气的皮球，顿时蔫儿了。之后即便你主动问起孩子有什么新奇的事情，他们也没有兴趣说了。

更严重的是，由于父母的忽略，孩子会变得越来越没有自信，还可能变得孤僻、胆怯。这时候，父母就后悔莫及了。

【给爸妈的话】

所以，作为父母应该多多陪伴孩子，和孩子做游戏，倾听孩子说话。要知道，工作忙、没时间，都不是你忽略孩子的借口。

(1) 即便是再累也要陪孩子

确实，很多父母的工作很忙，每天回家之后都很累，可是即使工作再忙再累，也应该抽时间和孩子一起玩。要让孩子知道你是爱他的，在你心中永远是最重要的。并且，父母应该尽情地和孩子玩游戏，不能敷衍了事，也不能表现出不耐烦，否则就是对孩子感情和内心最大的伤害。

(2) 在做游戏的过程中教会孩子独立、勇气

小孩子爱玩冒险游戏，父母不要因为怕危险就拒绝孩子，在有条件的情况下带着孩子多爬爬山，或是适当地攀岩，这样不仅可以体会亲子游戏的快乐，还可以培养孩子的独立、勇气等优良品质。

(3) 多参加亲子游戏

父母应该多参加亲子游戏，比如幼儿园或是学校每隔一段时间就会组织亲子游戏，或是两人三足，或是一起绘画等等，与孩子一起体会快乐的同时，又可以让孩子健康地成长，这何乐而不为呢?

9.孩子的战斗欲不能压制也不能放纵

小孩子喜欢打打闹闹，喜欢玩战斗游戏，或是拿着棍子当武器，或是拿着玩具手枪射击。女孩子还好些，男孩子就顽皮多了。本来玩游戏也没有什么，可有些孩子却总是在战斗游戏中“伤人”，这就令很多家长头疼了。

楠楠和强强是一个小区的小伙伴，两个孩子从小就一起玩耍，是非常要好的好朋友。可是从三四岁开始，两个小朋友迷上了“打仗”，一人拿着一个木棍，学着电视中的坏人与好人打打闹闹，要不是就是拿着手枪玩警察抓坏人的游戏。慢慢地，小区内其他孩子也加入了他们的“队伍”，四五个孩子冲过来冲过去，玩得不亦乐乎。可是，有玩闹就难免磕磕碰碰，每次不是这个被打哭了，就是那个不小心打了鼻子。这让小区内的家长非常头疼，虽然家长也教育孩子不要打人，或是玩耍的时候小心点，可这意外却不知道发生多少次了。

一天，楠楠突然大哭起来，而强强不知所措地站在一旁。两个妈妈立即过去询问楠楠为什么哭，楠楠委屈地说：“他打了我的鼻子。”而强强也掉了眼泪，小声说：“我不小心的，只是在‘打仗’中，不小心碰到而已。”

强强妈妈这下生气了，“天天拿着破木棍打仗，不是你受伤就是他受伤，以后不许拿木棍打架玩了。”然后又耐心地安慰楠楠说：“楠楠不哭，阿姨给你吹吹，一会儿就不痛了！”

而楠楠妈妈也说：“没关系，小孩子一起玩闹难免碰到。不过你们两个下次不要胡打了，受伤了多疼啊！”

相信这样的事很多家长都遇到过，男孩子大多喜欢玩战斗游戏，他们玩得不亦乐乎，但是这种淘气的行为，却让父母提心吊胆，因为在打闹中不是伤害自己就是伤害其他小朋友。

但是，面对爱玩打仗游戏的孩子，家长烦恼也是没有任何用处的。与其责令孩子不许拿着木棍打仗，还不如了解孩子这种行为背后的心理，读懂孩子的心思。

从生理上来看，女孩男孩有很大的区别，随着年龄的不断增长，这种天生的性别差异越来越大，并且对于生活习惯、兴趣爱好，心理状态都产生了影响。所以女孩会越来越文静，男孩则越来越活泼淘气，男孩的运功能力相比女孩越来越强。一般来说，从2岁开始，男孩就表现出比女孩更强的运动能力，在平时他们喜欢到处跑，攀爬、跳跃，更喜欢与小朋友嬉戏打斗。所以说，男孩子的战斗欲可以说是与生俱来的，是由性别差异造成的。

当孩子不小心伤害到小朋友的时候，父母也不要认为他是故意的，其实孩子的目的不是伤害他人，而是通过打仗游戏来释放自己的内心情感。比如打仗游戏可以让男孩子更兴奋，体会到做游戏的快乐，显示自己的强大和自信。当他们打胜仗的时候，就会骄傲地想："看我多厉害，我是最棒的。"另一方面是源于孩子模仿的心理，女孩子经常模仿童话中的公主、小魔仙等人物，而男孩就喜欢模仿奥特曼、超人、警察等这些强有力的形象。因为男孩觉得这些人物非常厉害威风，所以就会学这些人物与小朋友打打闹闹。所以，如果孩子爱玩打仗游戏，家长也不要太担心，只要教育孩子注意安全，不要伤害自己和其他小朋友就好了。

不过，如果孩子与小朋友玩战斗游戏的时候，发生了互相扭打或是故意打伤别人的情况，家长就应该注意了。这可能是因为孩子缺乏自控能力，比较容易冲动，一旦遇到不顺心的事情就特别烦躁，利用打人来发泄自己的愤怒。如果家长不及时教育和引导，那么孩子自控能力会越来越差，脾气越来越暴躁，对于成长有很多不利影响。

所以，虽然说男孩子爱玩打仗游戏是天性，但父母不能压制也不能放纵，适当地引导才是关键。

【给爸妈的话】

从发展心理学来看，3至8岁孩子的战斗欲只是象征意义上的，家长不用太担心。那么，面对孩子的战斗游戏，应该如何引导呢？

(1) 为孩子提供安全的战斗枪械或场所

如果发现孩子爱玩战斗游戏，父母不应该一味地严厉禁止，不妨给孩子提供安全的战斗器械，比如比较安全的塑料类的枪械玩具，或是塑料棒。这样孩子既可以尽情地玩耍，也可以保证彼此的安全。

但是，即便是塑料类的玩具也有一定的危险性，可能会伤害到他人，所以父母必须培养孩子的安全意识，不要用工具随意攻击小朋友。

(2) 不要让场面失控

孩子在做游戏的时候，父母最好在周围保护监督，避免意外事情的发生。如果发现孩子们发生了冲突，父母要及时把孩子们分开，以免冲突升级，造成不必要的伤害。同时告诉孩子，小朋友之间的矛盾冲突是正常的，之后大家还是好朋友。

(3) 避免孩子看有暴力情节的动画片

现在的动画片和游戏有很多战斗或打斗内容，孩子又非常喜欢模仿动画片的人物。所以，父母一定要控制孩子看电视或玩网络游戏的时间，而且避免孩子看有暴力倾向的动画片，只看适合孩子看的少儿节目。

第3章　宝宝有小情绪啦

——破解情绪密码，打开孩子的心结

幼儿的情绪调控能力非常薄弱，他们易激动、很感性，也很脆弱，需要爸妈的有效引导才能形成健康心理。情绪调控作为幼儿社会性发展的重要内容，在教育途径上，更多地强调感受、感知、体验、理解和反应，所以爸爸妈妈在帮助孩子调节情绪时，应更多地考虑周围情境的氛围以及整个教育方式的自然性。

1.孩子的“哭”，有很多深意

一些孩子非常爱哭，好像无时无刻不听到他们的哭声：吃饭时饭菜不好吃哭，与小朋友发生不愉快哭，妈妈批评两句就会哭，有时不知道什么事情就哭起来了，这让家长束手无策。

新学期幼儿园里总是传来丹丹响亮而清脆的哭声，一遍又一遍地响彻教室的走廊。正因为此，几乎每位经过的老师都会去关心地抱抱丹丹，希望能止住那让人心疼的哭声，以及委屈又固执的哽咽！

可是，这一切都无济于事。几秒钟的分神后，小家伙的眼泪又会从小眼睛里滚落下来。老师和妈妈都觉得无比头疼，这孩子究竟怎么了，我们从没遇到这么爱哭的宝宝。究竟是什么原因造成宝宝如此一发而不可收，如此爱哭呢？

很多孩子都有爱哭的毛病，很多父母对此并不太在意，认为这是孩子的天性所致，几乎每个家长都是从孩子的哭声中度过的。其实，爱哭是孩子心理状态的一种反映，家长应该重视起来。

孩子爱哭是由很多原因造成的，当孩子处于婴幼儿时期时，他的情绪反应出来的原因会有很多，1 岁前主要为满足生理需要。例如：温暖的环境、吃饱、睡足、尿布干净、身体舒适等，都常常是引起愉快情绪的动因。

而当孩子长到 2 岁左右时，除了满足生理需要外，还需满足社会性的需要。这时候，他对于周围的环境感受也会越来越丰富。所以有的时候，孩子感受到压力也会哭闹。比如，在幼儿

园，教师与孩子、孩子与孩子之间有时会有一些问题发生，如受到批评，不能与小朋友友好相处等等，这些都是使孩子产生压力的原因。如果当孩子感到有压力，心理就会感受到委屈；但由于语言表达能力有限，往往无法清楚地讲出来，因此他们有时无法得到大人的及时帮助。

同时，由于孩子年龄还小，所以，他们的自身知识以及处世经验都比较缺乏，处理问题的能力太差，因而不能自己解除压力。所以，当压力过大或持续的时间过长时，孩子会产生诸如抑郁症、厌食症、睡眠障碍等生理或心理问题，这些将严重损害孩子的身心健康，而脆弱只是这些症状的表现之一。

另外，孩子哭也是因为无法表达自己的想法，或是想要舒缓情绪。这是因为孩子对世界并未完全洞悉，所以他的心灵天生非常敏感，很小的事情他都很在意，一不如意就号啕大哭。后来，他们慢慢发现，自己在哭鼻子时，父母会给他更多的疼爱，所以哭鼻子就成了他常用常灵的一种手段。

而当孩子进入 4 岁的年龄时，自己的思想已经发展得比较全面，对某一件事也有了自己的看法，这个时候，父母一定要给孩子提供充分表达内心想法的机会，否则孩子便因此有可能感到委屈，从而流下眼泪。比如当孩子兴奋地和父母讲述某件趣事时，父母却忙于自己的事情而无暇聆听，那么孩子必然会感到伤心，就会觉得自己不受重视，然后伤心委屈地哭了起来。

另外，有时孩子也会出现一种难过的情绪，这时候他就需要得到调适。而使用眼泪，就可以排泄由大脑在压抑时所产生的有害的化学物质。

总之，孩子爱哭的原因有很多，父母不能一看到孩子大哭就责骂孩子，也不能随便地用零食来哄骗，需要找到孩子爱哭的原因，让孩子变得坚强独立起来，才对孩子的成长有帮助。

【给爸妈的话】

父母要懂得，如果孩子的年龄大了，那么再想让他改变爱哭的毛病、让他的娇气逐渐消失，变得意志坚强，这个时候就非常困难了。所以，父母要及早改掉孩子爱哭的毛病，让孩子变得坚强些。

一般来说，当孩子哭泣时，可以采取以下这些方法：

（1）用平常心对待，转移孩子的注意力

当孩子哭泣时，父母首先应该用平心来对待，最好的办法就

是先安抚他们，接着尽力转移他们的注意力。其实，孩子越小，注意力也就越容易被转移。比如，可以带他上街走一走，到邻居家串个门，买点小食品吃一吃，打开电视看一看，这样注意力转移了，情绪稳定了就不会再哭了。

当然，要想孩子转移注意力，那么一定要从爱心出发，从感情上安抚他，哄劝孩子不哭；千万不要训斥指责，更不能动怒打骂，否则只是适得其反。

(2) 让孩子说出心里话，知道孩子为什么哭泣

当孩子哭泣时，父母安慰他的时候，更要让他主动把心里话说出来，知道了孩子为什么哭泣，问题就好解决了。父母应该静静地陪在一旁，倾听孩子的心声，并且等他平复下来，不要催促或者表现出不耐烦。

(3) 告诉孩子爱哭是错误行为

孩子到了 4 岁左右，就知道哪些事情是正确的，哪些事情是错误的。父母应该向他解释爱哭是一种错误的行为，教导孩子遇到问题应该立即想办法去解决。可以告诉孩子有问题而自己却不能解决时，可以告诉父母，向父母求助；有任何需要或病痛时，可以直接向父母说明，选择哭泣是最差的方法。

(4) 锻炼孩子的独立自主和心理承受能力

要想孩子变得不爱哭，父母应该培养孩子的独立自主，锻炼他的心理承受能力。比如可以让孩子做自己的事情，洗自己的袜子，整理自己的书桌，或是帮父母洗洗碗扫扫地。孩子的自信心提高了，独立性强了，就不会总哭鼻子了。

(5) 不要随意惩罚孩子的爱哭行为

有些父母看到孩子就会说："再哭，爸爸就打你!""再哭，今天就不要吃晚餐了。"这样随意惩罚孩子的行为是错误的，父母需要明白，孩子爱哭并不是错，用粗暴的手段惩罚他，或者恐吓他不哭，结果会遭来更厉害的哭。

2.幼儿心理像蛋壳，必须好好呵护它

很多家长抱怨说："现在的孩子真像玻璃似的，打也打不得，骂也骂不得……"确实，现在孩子内心敏感脆弱，只能听赞美之词，听不得半点反对意见，对父母和老师的批评更是抱有逆反心理。更多的孩子外表高傲，内心脆弱，一遇到小挫折、小失败，或是什么事情就承受不了。其实，这与家长们的过于溺爱、保护过度有直接关系。

6岁的昭昭是个内心比较脆弱的孩子，似乎一直缺乏安全感。一天，新闻中播放了某地地震的新闻，看着倒塌的大楼，被压在废墟中的人们，昭昭内心生出了极大的恐慌，担心自己家也会倒塌，越想越害怕，以至于晚上都睡不着觉。

究其原因，应该和他奶奶对他的过度关爱有直接关系。昭昭的父母都在美国，一年才能休假回国一趟。奶奶既不舍得离开北京，又不舍得离开孙子，于是权衡之下，就把昭昭留在了自己身边。

奶奶从年轻时便守寡，现在自己的一双儿女都已长大，远走高飞，身边能抓得着的，也只有昭昭这个孙子了。也许是出于一种“占有”心理，奶奶对昭昭非常地疼爱，可以说百依百顺。每天都叮嘱保姆好好给昭昭做饭，奶奶更是悉心照顾昭昭的生活起居。

由于没有经受过任何挫折，昭昭的心理非常脆弱。在学校里，忍受不了老师的一丁点儿批评；在小伙伴们中间，也忍受不了别人的一点冷落。每当遭到批评和冷落，昭昭就委屈地躲在一边嘤嘤啜泣。

在我们的生活中，像昭昭这样的孩子并不少见，脆弱是他们内心的真实写照，心理学上被称为“蛋壳”心理。顾名思义，就是心理非常脆弱，像鸡蛋一样一触即破。事实上，存在“蛋壳”心理的孩子不在少数。

这种蛋壳心理，对于孩子之后的成长发展有很大危害，也是他们人生道路上的隐患。而随着孩子年纪的增长，孩子的“蛋壳”心理反而有增无减。那么，形成“蛋壳”心理的原因是什么呢?

(1) 父母的教育原因

父母的教育原因，是孩子形成蛋壳心理的重要因素。在中国，无论是学校教育还是家庭教育，都是一味地注重书本知识，忽略了孩子行为能力的培养和心理健康教育。

在孩子成长过程中，父母对于孩子过于保护，谁也不愿意让孩子经历苦难，尤其是自己吃过苦的父母更是不愿意孩子再和自己一样，于是他们给孩子无微不至的关怀；对孩子百依百顺，有求必应；对孩子极尽赞美之词，却不舍得批评和管教……

总之，过分娇纵、百般溺爱是导致这种心理的最直接原因。而有些孩子是爷爷奶奶、姥姥姥爷带大的，隔辈亲让老人更加溺爱孩子，有时候父母想要管教，老人都不会同意。这样的孩子在几位大人的宠爱下成长，怎么能不心理脆弱?

(2) 对孩子的期望过高

现在不管是家长还是老师，都对孩子有极高的期望，而外界的这种高期望，使得他们总是担心因某次表现不佳，失去自己在众人心目中的良好形象。这种担心、害怕在日积月累之下，很容易给孩子造成巨大的心理压力，以至于“蛋壳”心理越来越严重，影响了正常的生活和学习。

(3) 父母不关注孩子心理变化

蛋壳心理的出现，也主要是由于家庭造成的。如果家庭教育是积极的，父母经常鼓励和支持孩子，给予孩子关爱，经常和孩子沟通，那么孩子就会变得坚强、客观。可如果孩子得不到父母的及时鼓励，或是遭到父母的误解否定甚至误导，或是经常受到父母的责骂，那么孩子就会自卑、偏执、闭锁心灵，蛋壳心理逐渐加重。

另外家庭环境对于孩子的心理也有很大影响，比如在离异单亲家庭环境下成长的孩子，其情感世界会变得残缺不全，家庭不和睦的孩子心理也非常脆弱，受不得一丝丝挫折打击。

【给爸妈的话】

孩子很难像大人一样及时调整自己的心态，所以父母一定要关注孩子的心理健康，不要忽视了孩子脆弱的心理。

如果父母想帮助孩子摆脱这种“蛋壳”心理，就应该从以下这些方式入手：

(1) 培养孩子的自信心

想让孩子摆脱“蛋壳”心理，关键就在于让他们建立积极的自信心。比如让孩子独立完成一件事情，当孩子做完之后要给予肯定和奖励；让孩子保持个性，保持愉快的心境，乐观的心态。当孩子的自信心增强了，就不会恐惧困难和挑战了，就可以摆脱“蛋壳”心理了。

(2) 鼓励孩子自由探索、勇敢尝试

如果把孩子圈养起来，对他过于保护，那么他就会失去接触新鲜事物的机会，也就失去了锻炼自身意志的机会。要想摆脱孩子的“蛋壳”心理，父母应当经常鼓励孩子做有兴趣的事情，大胆探索和尝试新鲜事物，不要惧怕失败，这样一来，蛋壳心理自然会被遗忘。

(3) 为孩子塑造一个乐观向上的家庭氛围

拥有“蛋壳”心理的孩子，往往缺乏良好的家庭生活氛围。事实上，在积极乐观的环境中长大的孩子，更容易在困难和挫折面前挺直腰杆，坚忍不拔。所以，要想让孩子具有乐观的心态，父母首先要给他塑造一个和谐、幸福的家庭氛围。

(4) 为孩子做好言传身教，树立良好的形象

父母对孩子来讲，不只是言传，更是身教。父母如果不怕困难、敢于克服困难，那么在耳濡目染之下，孩子就会变得乐观、自信、豁达。当父母遇到挫折就灰心丧气，那么孩子就会胆小、怯懦。所以父母要给孩子做好榜样，树立良好的形象。

(5) 时常给孩子挫折教育

每个孩子都有心理脆弱的时候，父母应该细心观察孩子的内在需求和个别特质，帮助孩子走出心灵的困境。最好的办法就是时常给孩子挫折教育，让他吃吃苦，明白失败和挫折是成长中必然经历的，或是给孩子讲一些名人在挫折中经受磨砺的故事，这样孩子就不会那么脆弱了。

3.一激动就咬人，宝宝这是怎么了

当孩子和小伙伴玩耍的时候，如果心爱的玩具被抢走，就会感到无能为力和烦躁不安，但是由于语言表现能力有限，不知道如何表达自己的不满，于是就会在情急之下咬人。这个时候，孩子的咬

人就有可能是想宣泄自己的不满，以引起别人对他足够的重视。

4 岁的遥遥上幼儿园中班，平时很乖巧，很听老师和父母的话。可是，有时激动起来就会咬人，事后虽然妈妈和老师都教育他，孩子也知道咬人不好，可却改不了这个毛病，让家长和老师都非常头疼。

一天，遥遥妈妈去幼儿园接遥遥，发现遥遥又咬人了，把同桌的清清手臂咬了一个大牙印，红红肿肿的。遥遥妈妈连忙跟老师还有清清的家长道歉，还安慰了清清很长时间。

妈妈问遥遥："为什么要咬清清啊？"遥遥说："我叠小毛巾的时候，清清抓起来扔得好远，我捡回来又叠，他又扔得好远，我就生气了，然后就咬了他。"

对于孩子咬人，绝大多数的父母第一感觉就是愤怒、生气。但是，心理学家认为，孩子咬人和吸吮一样，都是人类最原始的本能。咬人的本能深深地埋藏在下意识中，就像是我们大人在有时也会咬嘴唇、指甲，这都是咬人行为的表现。只是大人思想成熟了，可以控制自己的行为，不会像孩子那样一激动就咬人。所以，通常情况下，孩子咬人是他宣泄情绪的一种方式。但由于年龄关系，他还不能分辨自己行为的好坏。

其实，孩子在 2 至 3 个月的时候，就会出现咬人、咬东西的心理，因为他正处于口唇快感期，嘴比手指要敏感得多，他会用嘴去发现一切，并将任何能拿到的东西都放进嘴里品尝一下，体验各种物品的软硬度、质地、温度和味道。

等到孩子长牙齿了，往往会感到牙床不适，所以会用咬东西的方式来缓解不适。而孩子接触最多的就是妈妈，于是不明事理的小家伙，就会咬妈妈的胳膊或肩膀。这时候，他不知道咬人会让人感到疼痛的。随着年纪的增长，孩子活动能力的增强，活动范围的扩大，交往的需要快速增加。但是由于不能用语言来表达，所以就用推、拉、咬等非常动作来引起别人的注意，表达自己的意愿或是发泄自己的不满。比如，父母不满足他的需求的时候，他就会通过咬人发泄出自己内心的不满。

有时候，孩子咬人没有特别的目的，只是一种社会性模仿。因为孩子的好奇心非常强烈，当他们看到其他小朋友咬人时，就好像发现了新鲜的事情，于是自己也会学着咬人。

等到孩子到了三四岁的时候，如果他依然爱乱咬人，那么，这就可以认作是一种侵略行为了。他可能是用咬人的手段来达到自己的目的，或是用来威胁其他孩子。所以父母应该给予纠正和引导，不要让孩子乱咬人。

【给爸妈的话】

虽然孩子咬人是最原始的本能，但是随着孩子年龄的增长，孩子慢慢有了是非观念，父母就要给予孩子正确的引导，让他明白咬人的害处，让孩子改正乱咬人的坏习惯。

（1）对待长牙的小宝宝

刚刚长牙的小宝宝，因长牙发痒会喜欢咬人，家长可以给宝宝需要的替代品，如毛巾之类的软物件，还可以采用让孩子吃磨牙饼干和青苹果，以及新鲜蔬菜及水果的方法来缓解这段时期的特殊需要。

（2）和孩子多交流，了解孩子的想法

孩子因为语言贫乏，不能表达自己的想法，于是便会用咬人来表达自己的诉求，这时候，家长要多和宝宝交流，尽快让宝宝学会用简单的语言去表示他的心理活动。这样不仅可以尽快改正孩子咬人的习惯，还可以增强孩子的交流能力。

（3）正确地教育与引导，告诉孩子咬人是不对的行为

宝宝缺乏一定的是非观念，会因为好奇心或是愤怒而咬人，

这时候就需要家长的正确引导了。家长要明确地告诉孩子：“咬人是一种很不好的行为，爸爸妈妈，老师，小朋友都不喜欢，还会伤害到别人，不是好宝宝的行为。”当孩子明白这一点的时候，就不会胡乱咬人了。

4.要死要活，孩子的威胁你怎么破

现在孩子娇生惯养，想要做什么就必须要做什么，如果遭到了父母的反对，就会通过吵闹、撒野的方式来达到自己的目的。因为他们知道很多时候父母害怕自己的威胁，只要自己使出这样的手段，父母就会屈服。这让很多家长感到既生气又无奈。

园园4岁了，妈妈怎么也没想到，这个年龄的孩子居然会威胁家长了，一旦自己想要做的事情没达到目的，就开始要死要活。这真实太吓人了！

一天下午，妈妈从幼儿园接她出来，园园缠着妈妈给她买一种班上小朋友都有的糖果，妈妈担心吃太多的糖果对孩子牙齿不好，就没有答应她。谁知，园园开始发脾气，妈妈制止不了，只好暂时不理她。园园却耍脾气说：“你不给我买糖，就要买肯德基。”妈妈说：“我们不是昨天才吃过了吗？今天不能吃了。”可

园园一路上都不肯罢休，一直和妈妈吵着要吃肯德基。妈妈当时很生气，但由于在开车，便忍了下来。

到家后，妈妈让园园下车，可她就是不肯下来，并且说："你不让我吃肯德基，我就不下车。"后来，妈妈把她强行拽下了车，一回到家，园园就把书包摔倒在沙发上，在那里生闷气。等到吃饭的时候，园园也不吃饭，对妈妈说："不买肯德基，我就不吃饭！"

这个时候，妈妈的忍耐已经到了极限，生气地对园园说："你愿意吃就吃，不愿意吃就别吃。"园园一听，坐在地上哇哇大哭起来。看到父母不理自己，反而大声哭着说："今天不让我吃肯德基，我就死给你看！"说着就要爬窗户。全家人吓得目瞪口呆，赶紧把她拉了下来。

其实，园园这种行为，都是父母长期的娇生惯养造成的。现在孩子在家里娇生惯养，全家大人都围着一个孩子转，什么要求都满足，什么事情都答应。所以，一旦父母偶尔拒绝了他们，孩子就会采取极端的方式来威胁父母注意，以达到自己的目的。

这样的孩子过分地以自我为中心，希望所有人都围着自己转，并倾向通过极端的语言、行为等方式来引起所有人的注意，

从而获得心理上的满足。

除了由于父母的溺爱之外，孩子的心理发展也是造成这种情况的原因。一般来说，5至22个月的婴幼儿，感情、知觉、身体自控能力及思维都发展到了一定的水平，开始以自我为中心，希望吸引周围人的注意，尤其是父母的可支配性极为敏感。这时候，父母给孩子越多关注，孩子对于自我及权力的认知更加强烈，越想周围的人都围着自己转，从而在自我中心中膨胀而形成习惯。同时，父母过分忽视孩子也非常不好，这会导致孩子自我认同感强烈，会想尽办法使自己成为被关注的对象。

一旦这种初始的支配行为没有及时纠正或被转移，孩子就会越来越任性，以种种方法热衷于体验支配环境和他人，行为变得越来越霸道，不达到目的就开始无理取闹，成为彻头彻尾的小霸王。

有的时候，孩子的这种表现还会体现在其他公开场合。当孩子们走出了家庭的庇护，没有父母的溺爱和顺从做后盾，自然会产生各种不良情绪，畏难心理极其严重，精神承受能力差和自我防卫能力低都是导致极端心理的原因。

【给爸妈的话】

很多孩子随着年龄增长，会逐渐控制自己的情绪。但是，部分孩子则会变得本加厉，经常提出不合理的要求，一旦不能得到满足就会哭闹、打人，甚至是以更极端的方式来威胁大人。所以，家长不能太溺爱孩子，不能任由孩子无理取闹，应该适当地采取一些办法，使孩子的异常行为得以纠正：

（1）当孩子无理取闹时，应该及时转移其注意力

一般来说，当孩子出现胡闹的行为时，父母可以适当转移他的注意力。这种方法对于年龄较小的孩子尤其有效，父母可以利用易被新鲜的东西吸引的心理特点，让孩子把注意力转移到其他物品或事情上。

（2）不要一味地迁就孩子，适当采用冷处理的方式

孩子这种行为，主要是由父母娇惯和一味地迁就而造成，所以，父母不能一味地纵容孩子。如果孩子的脾气正在兴头上，父母可以采用冷处理的方式，暂时躲避，让他独处一会儿。当无人理睬时，孩子自己会感到无趣而做出让步。

（3）和孩子“约法三章”

如果孩子经常无理取闹，父母可以掌握孩子任性的规律，然

后事先“约法三章”，避免孩子发作。

比如，孩子在平常上街时，总是哭闹着让父母抱，那么，父母就可在出去之前就与孩子“约法三章”：“今天上街可要乖啊，不要吵着让妈妈抱。实在太累了，可以休息一会儿再走。要不然，我们就不出去了。”

还可以约定孩子可以买什么不可以买什么，可以买一种或是两种零食、玩具。用“约法三章”让孩子懂得克制自己，孩子就不会胡闹了，更不会以威胁的手段来让家长妥协了。

(4) 适当惩罚和奖励

让孩子使出威胁的手段时，适当惩罚是最好的手段。比如孩子说不给我玩具我就不吃饭，那么父母不用多费唇舌，过了吃饭时间就把食物全部收走。当然，惩罚也需要灵活变动。如果孩子的表现进步了，可以给予适当的奖励，如拥抱、口头表扬、物质奖励等。

5.孩子装病，充满了小小心机

有些孩子经常说自己不舒服，今天这里不舒服，明天那里不舒服，可其实，很多时候这些不舒服都不是真的，而是孩子在装病。

孩子用“装病”来控制大人，这不是他的天性；他之所以这样做，根本的原因是大人对于“病孩”的要求显然降低，给以了过度的满足。因为多次“真不舒服”以后，让孩子建立了这样的一个印象——“只要我不舒服，妈妈就能满足我”，孩子才会装病来让妈妈妥协。而如果父母没有多次失去原则，没有那么容易妥协的话，那么孩子就不会有这样的想法，或是顶多是个模糊的感觉，孩子就不会经常装病了。其实，当妈妈和老师上当的时候，孩子心里是洋洋得意的，他会在心里说：“看，那你们又上当了。看，我又达到目的了。”于是“装病”的行为就形成了。

一天，洋洋的老师给妈妈打电话，说孩子肚子痛，非常不舒服，还是接回家吧。妈妈还着急，于是便赶紧赶到幼儿园，可回到家后孩子就活蹦乱跳的，根本看不出哪里有不舒服。

还有一次，幼儿园里举行拍皮球比赛，洋洋有些落后了。看其他小朋友快到终点了，他突然就蹲下了，说自己的腿痛。老师以为碰到哪里了，赶紧过来检查，可他却说“好了”。有时候，妈妈工作忙，晚上准备资料，可洋洋非要让妈妈陪着他，还说自己头很痛，睡不着，这样的事情屡见不鲜。

虽然，父母和老师也知道洋洋很多时候可能是在“装病”，但因为洋洋的体质确实比较弱，容易生病，所以家里人和老师也就挺照顾他的，谁知道哪次是真的、哪次是假的。可“装病”毕竟不是件好事，怎么做才能让洋洋改掉“装病”的毛病呢?

像洋洋这样的情况，在孩子身上具有广泛的普遍性。其实，洋洋之所以反复“装病”，是用它来作为实现愿望的目的，因为他知道自己“装病”才能让愿望得以满足。比如，说肚子痛，是为了让妈妈接他回家，说腿痛，是为了不再拍皮球。

对于年龄较小的婴幼儿来说，没有安全感，孩子希望得到别人的关心。而装病的时候，父母和老师就会特别关心自己，尤其是那些平时不能实现的愿望，生病的时候就可能实现了。所以孩子为了达到自己的目的多次装病。

除了实现自己的愿望，孩子装病还可能是为了逃避自己面临的困境。比如不去幼儿园，不吃东西，不参加演出等等。很多时候，由于孩子心智发展不成熟，当他遇到困难、解决不了问题或是不想解决的问题时，时常不知所措。当他发现装病就可以让自己不用面对那些问题时，他就会多次装病来逃避问题。

因为喜欢“装病”的孩子，多数都有任性、抑郁、胆小孤僻等各种不良的性格。这其中的原因，多由于父母是“缺少温暖”型或过分溺爱型。父母在孩子偶然患病时，一改过去不太关心爱护的态度，更加溺爱孩子，这使孩子明显体验到生病与不生病父母对自己的不同态度，一次两次或者四次五次，孩子渐渐也明白了“病”的作用和好处，他们就会把“生病”当成一种避难的有效方式，甚至成为一种习惯性的方式。

实际上，出于父母对孩子的疼爱，经常被“装病”的宝宝吓到，这对孩子的未来发展是非常不利的。

【给爸妈的话】

孩子装病的目的有很多，有时是为了引起家长的注意，有时又是为了躲避某些困难。可以说，孩子装病，充满了小小的心机。这个时候，父母首先调整好心态，通过有效的手段，让孩子改掉这个毛病。

(1) 不能过度满足孩子

父母紧张孩子是应该的，但是不能过度紧张，孩子一说不舒服就满足孩子所有的要求，让孩子小小的心机总是得逞。即使在孩子真的生病的时候，也不能过度满足，尤其是无理的要求。

这一点，对于父母教育孩子非常重要，它可以帮助孩子懂得“生病”与“愿望满足”是两回事，当家长不再任由他支配的时候，他就不会再用“不舒服”这个工具了。

(2) 善于观察，知道真病和装病的区别

小孩子毕竟是小孩子，只要大人细心一点，假的就真不了。所以，家人要善于观察孩子平时的行为举止，留意真病和装病的区别，既不过分地满足孩子，又不会耽误了孩子的健康。

(3) 降低对孩子身体的焦虑

孩子装病，就是因为父母过分关心孩子，只要听到孩子生病就焦虑不已。而这种高度焦虑就是孩子手中的把柄。

所以，父母及其他家庭成员要降低对孩子身体的焦虑，不要孩子一说不舒服就不知所措，如临大敌。

(4) 注意倾听与观察孩子的真实愿望与需求

虽然父母知道孩子“装病”必须进行改变，但父母要明白，孩子装病背后的愿望与需求并非都是不合理的，所以如果知道孩子为什么装病，那么问题就简单了。

比如孩子不想在幼儿园睡午觉、不想拍皮球、不想睡觉等。如果父母或者老师能帮助孩子合理解决这些“心病”，让他们知道睡午觉的好处，拍皮球的乐趣，那么孩子就不会装病了。

6.妈妈的小尾巴，怎么甩掉他

孩子小时候都依赖妈妈，不愿意离开妈妈身边。随着年龄的增长，孩子的依赖就逐渐减弱，慢慢地与小朋友接触交往。但是有些孩子却不是如此，即便四五岁了，还时常黏着妈妈，俨然成了妈妈的小尾巴，妈妈走到哪里他跟到哪里。

涵涵今年都快 5 岁了,上幼儿园也没费什么周折，涵涵很合作，与老师还有其他小朋友相处得都还不错，大家都很喜欢他。

可涵涵妈妈反应，涵涵属于那种表面较为开朗而内心依恋很深的男孩。每次妈妈抽出时间接涵涵，他都表现得特别开心。他会很心细地摸着妈妈的衣服边，摸了一遍又一遍。如果妈妈背着自己的小包，还拎着一个装着文件的文件袋的话，他会立即接过来，把包紧紧地抱在怀里不撒手，一直抱回家。

到了家之后，涵涵就表现得更依恋妈妈。妈妈要做饭，涵涵偏让妈妈陪他看动画片；妈妈要工作，涵涵就坐在旁边看着妈妈，甚至连妈妈上厕所涵涵也要跟着妈妈。妈妈走到哪儿小涵涵就跟着妈妈到哪儿，稍不留神看不见妈妈，就会非常慌张地喊：

“妈妈，你去哪儿了？快出来啊！”

妈妈很希望涵涵能够成为一个小男子汉，不要再有这么强烈的依恋心理了。

孩子之所以喜欢黏着妈妈，是因为内心有强烈的依恋心理，而这种心理是由内心缺乏安全感造成的。

婴幼儿的内心非常脆弱，在情感和心理上特别依赖父母亲人，这种依恋关系让孩子清楚自己是有依靠的，如果遇到危险，婴幼儿会主动到“依恋目标”那里寻找安慰和保护。如果孩子的生活环境发生变化，比如父母突然离开，或是孩子到了陌生环境，那么，亲情建立起来的安全感就会被破坏。孩子内心就变得没有安全感，表现出烦躁、不安，寸步不离爸爸妈妈。

如果父母不能及时发现原因，帮助孩子重新建立安全感，孩子就会有更深的恐惧感，依恋父母的状态还会加剧，尤其是妈妈。因为在孩子出生之时，他会与妈妈与相处很长一段时间。如果平时孩子接触的人少，会对母亲存在一种依赖心理，做什么事情都希望妈妈在身边。

心理学的研究发现，孩子在 3 至 6 个月时候，就会对妈妈产生依恋，时常看着妈妈笑，咿咿呀呀，而对陌生人的招呼几乎没有反映。6个月至3岁的时候，孩子会对依恋对象的存在表示深切的关切。爸爸妈妈离开就啼哭，回来就高兴。只要爸爸妈妈在旁边，他就能安心地玩耍，仿佛依恋对象是婴儿安全的保护者。

婴幼儿安全的依恋有助于培养他们对己、对父母、对同伴的依恋感和积极的探索能力，为儿童个性发展奠定良好的基础。但是如果孩子总依恋父母，那么就会对他的成长产生许多不利的影响。

【给爸妈的话】

一般来说，孩子小时候都有一点恋母情节，随着年龄的增长，接触的人增多，这种情节会逐渐减弱。但是如果孩子谁都不要，整天只要妈妈，这时妈妈需引起注意，应采取一定的措施疏远一些。

（1）与家人同时照看宝宝

如果孩子过于依赖，妈妈可以适当减少与孩子相处的时间，让孩子用更多的时间与爸爸、爷爷奶奶等人接触。但是开始的时候，为了增加孩子的安全感，可以让他看到你。

比如，以前妈妈和宝宝在一起多达90%的时间，现在你可以抽出30%的时间给爸爸，30%的时间给其他的人，让宝宝逐渐适应与其他人相处。

(2) 妈妈不要突然离开

孩子依赖妈妈是因为没有安全感，所以妈妈千万不要突然离开孩子，这会给宝宝带来更大的恐惧，造成不能信赖妈妈的心理。比如妈妈不要觉得宝宝反正自己会玩，自己离开一会儿没什么，而是应该和孩子打好招呼。

(3) 让宝宝接触更多的人

想让孩子不依赖家人，父母可以经常带孩子到公园、游乐场、儿童乐园等人多的地方，把孩子介绍给其他的孩子和家长，让孩子与别的孩子一起玩。

(4) 让宝宝学会与别人合作

孩子经常和妈妈一个人玩，容易形成孤僻的性格。妈妈可以让孩子学会合作，比如和爸爸妈妈、和其他小朋友玩传接球游戏，这样时间长了，他就不会离不开妈妈了。

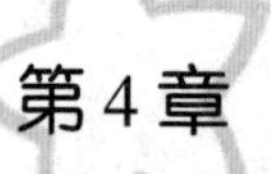

第 4 章　化身性格问题专家

——孩子性格不好，父母难辞其咎

每个孩子身上都打着父母的烙印。孩子性格好，表明父母的教养到位；孩子性格有问题，说明父母的教育出了问题。想改变孩子的不良性格，爸妈需要从孩子的心灵世界入手，和孩子进行心与心的沟通。用理解、宽容的情怀去包容孩子，用积极奋进的语言去抚慰孩子，把家建立成亲情的乐园，孩子在这样的氛围中，性格才能好起来。

1.孩子的孤独，你也许从未读懂

有些父母发现，自己的孩子不合群，别的小朋友在一起做游戏，他却安静地坐在一旁，或是自顾自地玩玩具。其实，不合群的孩子主要有两类，一类是怕陌生人，沉默寡言，性格比较孤僻，喜欢一个人待着；另一类则是爱哭闹、爱捣乱，与被人与众不同。不过，很多家长似乎更担心孩子孤独、孤僻。

楠楠今年两周半，在家里很活泼，总是追着妈妈问这问那，还总喜欢和妈妈聊动画片里的故事。

可是楠楠在外面的表现却让爸爸妈妈有些摸不着头脑，在超市门口坐那个摇摇马，有小朋友在坐的话，他就肯定不要坐，玩那个游乐设施也一样，一定要等别的小孩走了他再去玩。

刚上幼儿园没几天，楠楠就吵着不要去了。爸爸妈妈以为她在幼儿园受了欺负，就向老师询问楠楠在幼儿园的情况，老师说楠楠在幼儿园的时候从来不喜欢和其他小朋友玩，自己在座椅上坐着。老师组织小朋友们唱歌跳舞，她也不愿意去，可一个人的时候玩得也很高兴，在外面又蹦又跳的。

很多家长认为孩子不合群是天生内向，或是喜欢安静。但心理学家经过分析认为，其实，孩子是否合群并非天生而成，而是通过后天的学习、教育培养逐步取得的。想要解决孩子的不合群心理，首先就要明白其形成的原因。

当孩子从婴儿成长到三四岁时，由于对环境有了比较直接的认识，这个时候，他就有了与小伙伴相处的愿望。但因为有的孩子性情内向孤僻，不会主动与小朋友交往，突然加入好多孩子之间，可能会导致他出现害羞、害怕的情绪。还可能产生焦躁不安的心理，或是对别人有攻击倾向。

有些孩子的自尊心比较强，或是比较弱，这都会导致孩子不合群。但不管是过强还是过弱，这些孩子在集体中都会感到不适应。自尊心强的会看不起别的小朋友，缺乏自尊心的孩子会胆小、懦弱，缺少与小伙伴交往的信心和兴趣。尤其是自尊心比较弱的孩子，因为缺乏自信、情绪不稳定，就可能不愿意和其他小朋友在一起相处。

除此之外，家庭环境和父母教育还有很大的原因。很多家庭对孩子过于溺爱，从来没有离开过大人的怀抱，所以适应环境的能力比较差，失去了与人交往的机会。所以，孩子遇到陌生人就胆怯，更不会主动找小朋友玩耍。还有的独生子女受到家长溺爱，因此养成任性、霸道、自私的性格，不能与小朋友友好地相处。

总之，孩子的不合群产生，都是由于精神因素或心理原因造成的，但无论哪一种，它们的共同一点就是缺乏交际的机会。所以，为了防止孩子的不合群，父母就要想尽办法激发他活泼的天性，让他有一定的时间和伙伴们玩耍。对于胆小的孩子，更应当为他创造机会，鼓励他多与人接触。父母要记得，一个不合群的孩子是很难适应今后的集体生活和社会生活的。

【给爸妈的话】

孩子不合群，这已经成为社会共同关注的问题，但家长要了解到，孩子不合群的原因不仅仅是出于胆小或者羞怯，而是与家庭密切相关。所以，父母应当进行积极的引导：

(1) 营造良好的家庭氛围，避免在孩子面前争吵

让孩子活泼开朗，就应该给孩子营造良好的家庭环境。如果家人之间和睦相处、互相体谅，孩子自然就喜欢与人交往了。如果父母经常在孩子面前争吵，那么就会给孩子的心理带来阴影，不愿意和别人相处，性格更加孤僻。

(2) 让孩子独立做事，避免包办代替孩子的事情

父母什么都为孩子做，孩子就会过分依赖家长，就会不合群。所以父母应注重培养孩子自己的生活自理能力，让他摆脱依赖思想。然后引导孩子学会关心自己的亲人，注重亲人的感受，防止过分地以自我为中心。

(3) 让孩子感受到关爱，多体贴他、关心他

孩子不合群，很多时候是因为感受到父母和亲人的关爱。如果孩子从小缺乏母爱或父爱，那么对爱的渴求没得到满足，就会导致不合群，尤其是单亲的孩子。

所以，父母要尽可能地为孩子带来更多的爱，多体贴他、关心他，站在他的立场倾听他的心声。在温和、亲密的环境里，孩子孤僻、不合群的心理就会逐渐消除。

(4) 引导孩子和小伙伴交往，让孩子参加群体活动

想让孩子与其他小朋友打成一片，那么父母就要应尽可能多地让孩子与他人交往，尽可能接触陌生小朋友。比如，父母下班回家后带他散步时，可以带着他玩老鹰捉小鸡的游戏，而游戏当然要小朋友参与了，于是就可以又让他去邀请小朋友，孩子沉入到游戏中，不知不觉就融入了小朋友之中。

2.孩子异常羞怯，爸妈怎么引导

家长都希望自己的孩子落落大方，聪明、有礼貌，可是有些孩子在家有说有笑，活泼好动，可是到了外面就成了受惊的“小鸟”，不敢和别人说话，遇到陌生人就往爸爸妈妈背后钻。这是

典型的害羞表现，小时候可能没有太大的影响，但是长大后如果越来越害羞，就会严重影响成长和社交。

玲玲是个爱害羞的小女孩，平时父母朋友和她打招呼，她都红着小脸不敢抬头。和别人说话时，也总是小声细语，不敢大声讲话。

在幼儿园上课的时候，别的小朋友争先恐后地回答问题，只有玲玲一言不发。老师叫她起来回答问题的时候，她慢吞吞地站了起来，满脸通红，说话的声音小得像蚊子，当老师让她再回答一遍的时候，玲玲却哭了。

假期家里来了很多客人，玲玲见到这些客人的时候，她的小脸总涨得红红的，一个劲儿地往妈妈身后躲，要不就是低着头玩手指头不说话；到亲朋好友家拜年，如果让她唱歌、跳舞和讲故事，她总是低下头，紧张得半天开不了口；偶尔与小区的小朋友一起玩，她永远是听别的小朋友安排，不会发表自己的意见。

玲玲的爸妈工作都很忙，平时与孩子在一起的时间较少，面对孩子这样害羞的表现感到非常着急，迫切希望能改变孩子的这种性格，总是害怕对孩子以后的成长不利。

其实，害羞是一种正常的反应，广泛存在于社会群体中，就连大人也会因为某种原因害羞。一般来说，人在害羞时，主要有这些典型的表现：目光四处游移、脸红、耸肩、坐立不安。但是孩子的害羞，其实只是对陌生的客人或环境所产生的回应。

心理学家表示，害羞主要是对新事物和新环境过于敏感，经常害羞的人，他们的胆怯行为和心理方面都表现明显。除此之外，有研究表明，这些人的大脑中有一个异常活跃的扁桃形结构，这个结构的功能恰恰是控制人体瞬间情绪反应的。这就导致了害羞的人与一般人对外界事物会有不同的反应：同样是下意识的自我防御的本能，在一般人身上的反应是遇到危险时想办法脱离危险，而在害羞的人身上则表现为焦虑不安。

一般来说，如果孩子经常害羞，那么他的个性通常都是天生的。虽然害羞的孩子看起来很不善于与人交往，但是这并不表明他们确实如此。实际上，这些害羞的孩子对其他人都是很感兴趣的，只是他们内心的敏感和忧虑感占了上风，掩盖了他们对新事物的兴趣。

尤其是对年龄更小的孩子，这方面表现得更加明显。2 至 3 岁的孩子，一般都不善于交际，而且在某一时期内表现得特别害羞。有些孩子与大人在一起时害羞，与小伙伴在一起时反而自在；有些孩子与小伙伴可以自由交往，但与直系亲属以外的大人不肯说话。另有些孩子见了陌生人就不知如何是好。

害羞是正常的，但是如果孩子不能摆脱害羞心理，对于成长非常不利，很可能变得越来越内向、沉默、胆小、缺乏自信、没有主见、多愁善感，甚至是忧郁。所以父母应该给予孩子正确的引导，帮助孩子摆脱害羞，变得大方、自信起来。

【给爸妈的话】

幼年时期是孩子性格形成的关键期，一旦无法克服害羞就会给以后的学习生活和人际交往带来很大的障碍，父母应该鼓励孩子跨过这道障碍。

想要改变孩子的害羞心理，父母可以采取以下方法：

(1) 接受孩子，鼓励孩子

父母要承认孩子害羞的事实，千万不要大惊小怪或操之过急，如果过分关注或是严厉要求，会导致孩子更加恐惧和不安。父母应该多鼓励孩子与小朋友接触，当孩子取得了成绩时，及时给予表扬，慢慢树立孩子的自信。

当发现孩子表现出害羞的样子时，父母应该耐心地予以安慰和鼓励："这是第一次见王叔叔，紧张点是难免的，以后和叔叔熟悉了，你一定会表现得更好。""这次宝贝有了进步，真棒！"

(2) 激发孩子的潜力，让孩子克服害羞

不管孩子多么害羞，他都会有和别人交往的欲望和需要，所以，要克服孩子羞怯的心理，父母就得学会不断地发掘孩子的潜力。

如果孩子比较热心，能友好地对待比她小的孩子，父母可以发掘孩子乐于助人的潜力，慢慢地孩子就会主动接触其他小朋友了。所以，父母们可以多挖掘孩子的内在潜力，寻找一个突破口，帮助孩子赶走害羞的阴霾。

(3) 不要当面训斥孩子

幼年的孩子一般都喜欢跑跑跳跳，所以，受点小伤在所难免，父母不用太在意，更不应因此阻止孩子玩耍。如果父母当着他人面前训斥孩子，他就会认为受到了打击，因此就会滋生不愿再表现自己的心理，总认为自己什么也做不好，从而形成害羞的心理。

(4) 欣赏你的孩子，让他乐于表现自己

父母要明白，害羞的孩子一般都很内秀，所以要鼓励他们多向别人展示自己的优点，让其明白一旦克服了羞怯心理，就能多一个展现自己的机会。最重要的是，父母要欣赏自己孩子的优点，并且让他乐于展现自己才华，让孩子变得自信的时候就可以摆脱害羞了。

（5）寻求帮助，和老师一起帮助孩子

到了幼儿园，孩子与老师接触的时间最多，当父母发现了孩子有羞怯心理时，应及时主动地与老师沟通，获得老师的帮助。在老师的引导下，孩子更愿意和同学们一起玩耍，融入集体游戏之中，这对于孩子性格的塑造非常有帮助。

3.别让自卑的霾，荼毒孩子的心

有的孩子比较自卑，常因为一些小缺点觉得自己什么都不如别人，害怕别人的嘲笑，不敢表现自己。还有些孩子因为一些小失败和小挫折就失去了再次尝试的信心，慢慢地变得沉默寡言，忧郁不已。所以自卑心理对于孩子的成长有非常大的危害，家长一定要重视起来。

刚刚上幼儿园的童童，没有同龄人的活泼和天真，每天对着镜子发呆，还时不时地问妈妈："妈妈，我头上的小伤疤是不是很明显啊？很多阿姨见了小丽都夸他漂亮，可是从来没有人夸过我长得漂亮啊。”“妈妈，你看这样子会不会把疤盖住啊？”“妈妈，我真的怕别人嘲笑我的疤。”

一次儿童节演出，童童的积极性很高，妈妈也给童童穿了漂亮的花裙，可是童童在舞台上的表演出乎所有人的意料，她频频犯错，好几次都定在那里不动，演出结束后，妈妈问童童：“童童怎么了？今天的演出好像不是很好啊？”童童说：“我总感觉下面的小朋友在议论我额头上的伤疤，我怕他们取笑我。”

很长一段时间，童童都是闷闷不乐，沉默少语，这个只有3岁的小孩子，脸上总是挂着忧伤，每天都陷入深深的自卑当中。妈妈听到童童的这些话，非常担心，孩子这么自卑，将来怎么办呢？

所谓自卑心理，它与害羞一样，在人群中出现的比例很大，更对于人们心理的发展产生了巨大的影响。通过调查研究，心理学家发现，其实自卑并非一件非常严重的事情，在这个社会中每个人都有先天的生理或心理缺欠，在潜意识中都存在着或多或少的自卑心理。

但是，自卑心理却不是天生的。从主观上说，自卑心理是在后天由于自我评价不当而逐渐形成的；从客观上来讲，自卑心理是因为个人的某些缺陷或屡遭失败造成的。比如说，如果一个孩子如果时常被大人夸奖和宠爱，那么他就会越来越自信；相反，如果一个人时常被大人斥责和鄙视，那么心理就会越来越自卑。而如果一个孩子身上存在着某些缺陷，就像是童童头上那个小伤疤，虽然并不明显，但是由于缺乏大人的夸奖和赞美，使她越来越在意自己这个小缺陷，变得越来越自卑。这时候，父母如果能够多夸奖她，强调其他方面的优点，那么她就会变得自信起来，驱除心中的自卑。

如今的社会，父母压力非常大，经济、子女教育等等，这些都给父母带来不少的困惑，这样的情绪就有可能影响到孩子。所以，在不少孩子身上，都会有自卑的表现，只是或轻或重而已。一般来说，自卑是孩子过分地低估自己的才能而产生的消极心理。在自卑心理的作用下，孩子遇到困难、挫折时往往会出现自我否定，消极颓废的情感反应。

而自卑心理对于孩子的影响非常大，绝大多数自卑的孩子，都会尽量回避参与任何竞赛，因为他们对自己的能力缺乏必要的自信心，断定自己绝不可能获胜。还有很大一部分孩子会表现出自暴自弃，甚至，有些严重的还可能表现出自虐行为，如故意在大街上乱窜、深夜独自外出、生病拒绝求医服药等，似乎刻意让自己处在险境或困境之中。

孩子自卑，最大的表现就是无法承受挫折，不能像正常儿童那样面对挫折、疾病等消极因素带来的压力，即便遭遇了小小失败或小小疾病都会让她感到无法承受，会选择逃避的方式来应对。

总之，如果一个孩子很少体会过成功的喜悦，或从未得到过他人的赞赏，他的自信心就会受到压抑，自卑心理就会日趋严重；一个屡受挫折甚至怀疑自己存在价值的孩子，很容易对自己的前途悲观失望，而这对于孩子的成长无疑是巨大的阻碍和伤害。

【给爸妈的话】

如果一个人做了自卑的俘虏，不仅会影响身心健康，还会使聪明才智和创造能力得不到充分发挥，使人觉得自己难有作为，生活没有意义。因此，自卑心理是一个重要的心理健康问题。家长应该及时正确引导，让孩子战胜自卑心理，快乐健康地成长。

通常，父母可选择以下方法对孩子进行帮助：

⑴ 让孩子正确认识自己，不要苛求完美

俗话说：“金无足赤，人无完人。”父母应当引导和教育孩子对自己进行积极、正确、客观的评价，不要对自己苛求完美，否则孩子就会容易自卑，总认为自己不能将事情做好。

父母应该让孩子明白，人人都有缺点，这没有什么大不了的，只要努力做到扬长避短，就可以让自己变得更优秀。当孩子明白这个道理，便不会因为缺点而过度自卑了。

⑵ 给孩子赞美和鼓励，让孩子充满信心

自卑的孩子，对于别人的话非常在意，所以，父母就应该多赞美和鼓励孩子，尽量避免批评和训斥孩子。因为积极的语言能使人产生积极的情绪，改变消极的心态。比如，父母与孩子交流时，可以有意识地用“你很聪明”“你一定行”之类的语言为孩子打气。

⑶ 不要总是拿孩子和“别人家的孩子”比较

很多家长习惯说这样的话：“你看看，谁谁谁家的孩子多优秀，学习多认真，再看看你！”这对于孩子的心理会造成很大的伤害，尤其是对于自卑和敏感的孩子来说，更是强大的刺激。父母如果总是拿别的孩子来刺激他，那么他就会产生对自己的怀疑，“我真的不如别人吗？妈妈总是这么说。”久而久之，这种心理暗示就像慢性毒药会渐渐腐蚀孩子原本的自信，最后甚至连自己的优势都会忍不住置疑。

这是因为每个孩子都有自尊心，他们会追求上进，追求别人的赞美。同时每个孩子对自己都有一定的期望值，当达不到这个期望值的时候，他们也会感到沮丧和伤心，这时候，如果父母还要拿孩子的短处与其他孩子的长处进行比较，就好比往孩子的伤口上撒盐，会让孩子越发觉得自己没用。

(4) 让孩子发现自身的优势

让孩子不再自卑，最关键的就是要让他看清自身优势。父母应该孩子认识到自己的优势，因为孩子对自己的优势越肯定，自信心就越强。相反，如果孩子对自己的能力认识不足，即便做一些擅长的事情也会失败，导致产生自卑心理。

(5) 不要对孩子过高要求

有些家长对孩子要求过高，使得孩子很难实现父母的愿望，而一旦孩子无法达到自己的要求，家长就对其进行严厉的批评。久而久之，孩子在做事情的时候，往往就会在潜意识里先否定自己：我本来就是很笨的，这个事情我肯定干不好，我达不到父母的要求……

(6) 锻炼孩子磨炼意志

孩子自卑心理的产生，还有一个重要原因，那就是意志不够坚定。所以，让孩子不再自卑，就要锻炼他坚强的意志品质，使失败和挫折变为激励自己前进的动力。

同时，在这个过程中，还要注意培养孩子的自信心和自尊心，要让孩子具备“别人行我也行”的心理素质。

(7) 给孩子充分的信任，让孩子独立做一些事情

很多时候，父母越是对孩子照顾有加，孩子的成长就越慢，独立性和自信心就会越缺乏。如果父母敢于放手，让孩子独立做一些事，那么孩子就会认为“父母认为我可以”，在这种积极暗示下，他就会做得越来愈好，越来越自信。

4.宝宝自私冷漠，都是爸妈的错

对于孩子来说，同情心是婴幼儿社会性品质中最为重要的品质之一，它是其他一些重要社会性品质及亲社会行为的基础。专家经过研究表明，同情心对于孩子的成长具有很多有利影响，不仅可以抑制攻击行为，还是亲社会行为最主要的动机源。但是，

现在绝大部分孩子以自我为中心较突出，同情心缺乏严重。他们过分关注“自我世界”，对“他人世界”关注得不够，尤其是独生子女，更缺乏同情心。

一次，幼儿园老师中班小朋友进行心理测试，其中有这样一个题目：“一个小妹妹病了没有吃早饭，饿得直哭，你愿意借给她你的早饭吗?”结果孩子们没有人回答这个问题。

老师点名月月回答，“一个小朋友没吃早点，饿得直哭，你正在吃早点，该怎么做呢?”4 岁的月月还是不说话，老师又引导说：“你借给他吃吗?”“不给!”月月十分干脆地回答。老师接着说：“可是，这个小朋友都饿哭了呀!”月月竟然回答：“谁让她不吃早饭，活该!”

可以毫不客气地指出，月月的这种情况，就是缺乏同情心的表现。所谓同情心，它是一种对他人不幸遭遇和痛苦情绪状态产生共鸣，并对其行动表示关心、赞成、支持的情感和由此诱发的“助人为乐”“伸张正义”的动机与行为。

缺乏同情心的孩子，主要有以下表现：很少承担或不愿承担相应的家务劳动；在家里她 (他) 最重要；会看不起幼儿园里的某某小朋友；看到老师批评犯错误的小朋友会表现出幸灾乐祸的表情；对自己的物品很敏感，不允许别的小朋友碰；经常会和小朋友打架或者闹别扭。

那么，孩子缺乏同情心究竟是由什么原因造成的呢？其实，主要有以下几个原因：

(1) 极端的家庭教育方式，或是苛刻的教育方式，或是极端地溺爱孩子。

现在很多父母对孩子的要求非常严格，要求孩子必须听自己的，一旦孩子出了小差错，家长便会大声呵斥甚至是体罚，从而阻碍了孩子早期同情心萌芽的发展。比如经常受到体罚的孩子，就很少对同伴的“不幸”表现出关心。

另一个相反的方面，就是父母对孩子的溺爱极其严重。现在孩子多为独生子女，父母平时非常娇惯和宠爱，生怕自己的“独苗”受到任何委屈，久而久之，造成孩子自私、娇蛮的个性，总以自我为中心，不会从别人的角度思考问题。

(2) 家长对孩子的同情心发展漠不关心。

很多父母的眼里，孩子学习才是关注的重点，而忽视心理和个性的培养，这是孩子没有同情心的重要原因。

如果在和孩子进行亲子交流时，父母缺乏有效的交流技巧和方式，那么久而久之，孩子的人际交往就会变得冷淡、自私，处处以自我为中心。

(3) 孩子的心理需求未被关注和满足

有时候，孩子缺乏同情心是因为父母较少关注孩子的心理需求。如果孩子的心理需求没有得到关注和满足，那么，他的个性就会被压抑，或通过一些极端的行为来寻求一种心理释放。比如有些孩子会随意破坏玩具，虐待小动物，这样怎么能有同情心？

另外，家庭教育的过程中，父母的影响是非常重要的。有些父母就缺乏同情心，看到有人当街乞讨，不仅不给予帮助，反而露出嫌弃厌恶的表情；看到受伤的小动物不仅不救助，反而绕道而行。长此以往，孩子耳濡目染，又怎么会帮助需要帮助的人呢？

【给爸妈的话】

孩子的同情心需要从小培养，所以父母不仅要重点关注婴幼儿的智力发展，还应该关心婴幼儿的爱心与同情心的发展，这对于孩子形成良好的道德感和健全的人格，以及良好的人际交往能力都有极大的益处。

（1）让孩子懂得尊重别人，指出其不礼貌的举动

想要让孩子获得同情心，首先就要让他懂得尊重别人。如果孩子因对父母或是他人的不满而有不礼貌的行为时，父母就应该明确地指出她的错误，让他知道这种行为是不允许的。一旦家长不加以制止，或是含糊其辞，那么孩子就以为家长是默许的，会变本加厉。

（2）孩子做错了，就应该教导他说“对不起”

父母是孩子生活中最常接触的人，父母应当注意自己的言行举止，以此来影响孩子。每个父母都会有做错事的时候，这时最好的方法就是诚恳地向孩子道歉。这样，孩子自身的内省力以及对他人的感受力和同理心就会大大增强。

（3）通过故事引导孩子理解他人的感受

孩子喜欢听故事，而故事里，又会含有很多做人的道理。所以，当父母在给孩子讲生动的童话故事时，不妨和他多交流一些情感方面的内容。

比方说，当父母在给孩子讲《灰姑娘》的时候，就可以提问：“孩子，灰姑娘是不是很可怜？宝宝是不是很同情灰姑娘啊？”引导孩子理解他人的感受，从他人的角度着想，这样会激

发孩子的同情心，并达到事半功倍的效果。

(4) 经常表扬孩子的同情心

父母要及时肯定孩子的行为，小孩子都是非常天真的、善良的，即便是再霸道的孩子，也会流露出同情的表现。当孩子做出充满善意的举动时，父母要告诉他做得对，而且说得越具体越好："你把你的玩具车给小明玩，真是太大方了！你看他多高兴啊！"

(5) 让小动物变成孩子的"好朋友"

"人之初，性本善"，所以说，每个孩子生来就是善良的、纯真的，因此他们天生就与动物有种亲密感。正因为如此，想提高孩子的综合能力，父母不妨在家养一些小狗、小猫，让孩子天天给小动物喂食，并写好观察日记。一旦小动物有异常现象，孩子可以和爸爸妈妈一起在网上查资料、自己查书解决问题。

经过了一番培养后，孩子的观察力和独立解决问题的能力都会得到显著提高，同时，又培养了他的爱心、同情心和责任感。

(6) 让孩子学会关心帮助他人

让孩子拥有同情心，最直接的方式就是鼓励他去关心和帮助他人。父母可以多向孩子寻求帮助，比如妈妈做饭时，可以让孩子帮助摘菜；爸爸累了，可以让孩子帮忙端杯水。而和小朋友玩的时候，可以让孩子帮助比较小的伙伴。还可以鼓励孩子给贫困小朋友捐玩具和衣物，为他们送上祝福的话语。

久而久之，孩子在送出关爱的同时，也可以产生同情他人的心理。

5.嫉妒情绪不疏解，孩子越大越可怕

现在的许多独生子由于娇生惯养，身上都会有明显的嫉妒心理。每当看到别人的东西比自己的好，别人比自己表现好，或是大人夸奖别人的时候，他们就会表现出不满、愤怒，甚至更出格的表现。很多小孩子，虽然年纪不大，嫉妒心却不小，让大人感到吃惊和无奈。

在幼儿园中，老师在给睡完午觉的女孩子梳头发，这时一个小朋友哭叫起来：“老师，云云扯我头上的发夹。”老师赶忙跑过去阻止，可来不及了，云云嘴里边说难看死了，边无情地扯断了小朋友发夹上的蝴蝶花。

这个小朋友伤心地哭了,云云反而显示出一副发泄后的满足表情。究其原因，原来是早上小朋友上学时，老师夸奖这个发夹非

常漂亮。

还有一回，小朋友学画蜻蜓，作画完毕后，老师总是将画得好的小朋友的作品进行讲评并贴在黑板上让其他人学习欣赏。每次都是云云的作品第一个被讲评，贴在第一个。而今天老师讲评过云云的作品后，对明明的画也格外赞赏，并将云云的画移贴到了明明画的后面，只听见云云叫起来："我不要！"老师制止了她的胡闹，谁知云云趁大家不注意，将明明的画用勾线笔狠狠地刮了好几道，老师发现了云云所为，对她进行了教育，可她却放肆地哭闹，边哭边喊："他的画难看死了，我不要。"

在这个事例里，云云扯伙伴的发夹并将其毁坏，用笔刮伙伴的画，并对他人努力的成果不屑一顾，还采取了有攻击性、破坏性的行为，这些行为都体现了云云的一种不良心理——嫉妒。

其实，不仅是孩子，在成年人身上，这样的心态也很常见。这是一种消极的社会现象，它是对别人在品德、能力等方面胜过自己而产生的一种不满和怨恨，是一种被扭曲了的情感。可以说，嫉妒是人的本能，每个人都会有嫉妒心理，但是这种心理如果长期存在，并不断加深的话，就会演变成一种病态的不健康的心理。

这种心理几乎是与生俱来的。如果仔细观察一下，我们不难发现，一个1岁左右的婴儿在看到自己的妈妈抱别家的孩子时，就会很快跑过去要求妈妈抱自己，还会出现哭闹不安等反应。这些行为，就是孩子最早的嫉妒心理的表现。

进入幼儿园后，孩子的嫉妒心理有可能会加重，比如当他发现其他小朋友的玩具比自己的好，穿的衣服比自己的更漂亮，骑的童车更新颖时，就会感到不愉快。老师夸奖其他小朋友做得好的时候，他便会大声喊叫："我也会啊……"

一些幼儿专家经过长期的调查分析，发现如果别人有自己喜欢的东西，但自己却没有，往往就会会产生一种由羡慕转化为嫉妒的心理。通常，这种心理非常正常，纠正起来也比较简单，只要父母多和孩子沟通，了解了孩子嫉妒的起因，便可以化解孩子的嫉妒心理。

同时，由于受到年龄、教育的限制，孩子的知识比较浅薄、眼界比较狭小，所以有很强的虚荣心。正因为如此，有的孩子比较敏感，如果发现自己不如别人，或是大人总是夸奖别人，就会表现出一种恐惧与担心的心理。而因为孩子心智不成熟，所以他们想的不是如何通过正当手段超过别人，而是希望看到对方退步。

除此之外，每个孩子都有非常强的自尊，总认为自己是最优秀的，是最棒的。所以他们更渴望得到其他人的重视和关注，更希望得到表现自己的机会。一旦这种机会被别人得到了，他们就会对有能力的小朋友产生嫉妒心理。

【给爸妈的话】

虽然说嫉妒是一种孩子自然的反应，但如果嫉妒情绪过多过强，久而久之，它就会影响孩子的健康成长，甚至让其变得心胸狭隘，容不得别人超过自己。

因此，当父母发现孩子嫉妒行为过强时，一定要及时地给予正确的引导，帮助孩子树立一个良好的心态。

（1）关注孩子的情绪，掌握孩子嫉妒的直接原因

受认识水平的局限，在孩子的年龄很小时，很难把握自己的情绪，这就需要父母多关注和引导了。

当孩子给别人搞破坏、哭泣或者说妒忌对象的坏话等等，或许就是出现嫉妒情绪的时候。还有些时候妒忌心理会通过心理和身体的反应表现出来，比如出现胃疼、难过、焦躁、情绪低落等等。这时候，父母应该多和孩子接触，及时掌握孩子的嫉妒的直

接起因，积极解决问题，并且给予正确的引导，才能消除孩子的嫉妒情绪。

⑵ 尽量不要拿孩子与别人对比

孩子嫉妒心理的形成，很多时候和父母的言行举止也有直接关系。如果父母总是在孩子面前夸奖别的小朋友，或是拿孩子和别人比较，那么就会引起他的嫉妒心理。

而孩子的心是非常敏感的，通常父母只是无心地说一句“婷婷越来越可爱了”，那么之后的一个微笑、一个耸肩的动作，甚至抬一抬眉毛都可能被孩子解读为“比较”，由此产生嫉妒心理。所以，父母尽量不要拿孩子与别人比较。

⑶ 引导孩子正当竞争，树立正确的竞争意识

如果孩子一旦出现了嫉妒心理，这个时候，父母不妨把它引导到树立孩子正确的竞争意识上来。

当孩子的嫉妒心理产生后，父母应该把它引导到让孩子树立正确的竞争意识上来。父母可以告诉孩子，想要超过别人就要自己努力，通过正常的竞争超过他，生气和嫉妒都是没有用的。父母还要告诉孩子，学习别人的优点和长处，自己才能不断进步，取得成功。

(4) 让孩子知道妒忌是正常的，但不要反应过激

父母应该让孩子知道，不光是他们会嫉妒，大人也不例外，这种情绪是正常的。但是如果因为嫉妒而搞破坏，或是胡闹，或是伤害和贬低别人，那就是错误的行为了。

父母应该告诉孩子，每个人都有自己的优势，每个人都有表现自我的机会和权利，你只有接受了这点，并且正是由于嫉妒才能超越他们，让自己变得越来越优秀。孩子只有接受并正确认识自己和嫉妒心理，才能避免过激反应，才能逐渐摆脱嫉妒心理。

(5) 让孩子正确分析与他人的差距，化解心中的不平衡

孩子的嫉妒，主要是以具体形象思绪为主，因为他们在这个年龄段里，一般不具备对事物进行全面分析的能力。所以，他们往往会将自己的嫉妒简单地归责于自己或所嫉妒的对象，而不去考虑其他因素。

在这个时候，父母应帮助孩子，全面分析自己与别人产生差距的原因，找到缩短差距的途径和方法，并且化解心中的不平衡，如此才能化解嫉妒。

(6) 改变孩子，培养豁达乐观的性格

想要孩子改变嫉妒心理，就要从平常的生活入手，让孩子进

行改变。在日常生活中，父母应教育孩子理解人与人之间客观存在的差异性，让孩子懂得每个人都有各自的优势和长处，但同时每个人也都有不足和短处，没人是完美且没有缺点的。

当孩子认识到这样的客观事实后，父母可以引导孩子充分发挥自己的长处，以积极客观的态度面对别人的优势和自己的劣势。这样，孩子的嫉妒心理就会渐渐减小，直至消失。

6.帮孩子把攀比心理从消极转向积极

如何正确对待孩子的“攀比心理”，是我们家庭教育中的一个重要的话题，这个问题在孩子的成长过程中虽然不太明显，但是长期放纵孩子的攀比，就很有可能会影响到他们的一生。以后孩子就有可能要求父母买漂亮的书包才愿上幼儿园，明天要求买高档玩具，后天就要求买其他的东西。长此以往，当不能满足其要求时孩子就不听话了，麻烦事也就来了。

默默只是幼儿园大班的孩子，却非常爱与其他小朋友攀比，喜欢穿新衣服，看到别人有什么玩具就吵着和妈妈要，看到别的家长开着豪车来接同学，就羡慕不已。在默默和小朋友的聊天中，妈妈时常能听到一些攀比的内容。比如谁的衣服好看，谁爸爸工作好，谁家房子大等等。

有一次，姑姑帮她买了套新睡衣，午睡的时候，默默脱了外套要穿新睡衣，而且有一种不穿上新睡衣事不罢休的架势。于是，妈妈就给她套上了新睡衣。一觉醒来，妈妈把她的睡衣换下过水。起先，默默没发觉，后来，看到没了她的新睡衣，也就追着找到楼上来了，一见她的新睡衣躺在洗衣机里冲洗，她不高兴了，不停地责问妈妈衣服是干净的，为什么要拿来洗，且一定要妈妈把她的新衣服从洗衣机里拿出来。妈妈扭不过她，将湿淋淋的衣服从洗衣机里取出。

默默一边哭一边不停地拧衣服，想要把她拧干。无奈臂力不足，未能如愿。妈妈跟她讲新衣服买过来之后应该清洗的道理，默默说："我到幼儿园里睡觉没有睡衣了。"妈妈问她："是不是其他宝宝都穿睡衣睡觉的。"默默说："他们没有，默默有。"妈妈终于明白，默默是要到幼儿园里去显摆她的新睡衣了。

这么小的孩子怎么会有如此强的攀比心呢，默默妈妈非常担心孩子的情况越来越严重。

一般来说，孩子有攀比心理，是最普遍的现象之一，这种心理的产生和婴幼儿的心理发展特点有关。

孩子的攀比心理，在幼儿期就已经出现了。这段时期，孩子通常会表现出强烈的欲望，当他想得到别人的关注或者感到没有受到足够的关注时，就会用好看的玩具、漂亮的衣服或者受到奖励等行为，来吸引大家的注意。

除此之外，孩子还有一个很大的特点，就是模仿力和好奇心很强，喜欢新鲜事物，和小朋友在一起。这样，孩子就很容易产生从众心理，比如别的小朋友有了新玩具，他自己也非常想要拥有，而这些心理都会引发孩子产生攀比的行为。

除了这些内在因素，父母的教育失当也会导致孩子出现攀比心理，可以说是来自家长的“言传身教”。由于现代的家庭孩子少，父母总怕孩子受委屈，于是对孩子总是有求必应。自己孩子穿的、戴的都不能比别人差，别人的孩子买什么，咱家的孩子也得买，绝不能让人家比下。因此，这种溺爱，纵容了孩子的攀比心。

此外，父母平时的表现也是重要因素。比如，有的父母爱和别人拼消费，喜欢显摆，比上兴趣班、特长班、贵族学校等等，这无疑给孩子带来了不好的影响。

【给爸妈的话】

想让孩子自己改变攀比心理，这是非常不现实的，所以，父母应该及时引导，让孩子知道，只有自身能力的提高才是真正的优秀，从而使攀比心理变为良性竞争。

(1) 对待孩子要疼爱有度，不要过于放纵

如果父母对孩子有求必应，会很容易使孩子过于以自我为中心。父母对孩子越百依百顺，姑息迁就，孩子就会有恃无恐，消费无度，从而容易造成攀比惯性。

父母绝对不能有“别的孩子有的我的孩子也应该有；别的孩子没有的，我的孩子也要有”的想法，如果父母都有虚荣心和攀比心理，那么孩子的攀比心理也会越来越膨胀。

(2) 引导孩子学会正确的比较

孩子年幼，尚未形成正确的价值观和审美观，这就需要父母多加引导，让孩子学会正确的比较，不要样样都与别人比较。比如当孩子看到别的孩子有电动火车时，他自己也非常想要，不妨这样和孩子说：“你有小飞机，是不是别人也有啊？”当孩子明白不是每个人都可以拥有别人同样的东西，那么就不会喜欢和别人攀比了。

同时还要提醒孩子，不要与和自己相差太多的同学来比，那样很容易造成自满或者自卑情绪。

（3）利用孩子的攀比心理，激励孩子不断进步

有的时候，适当的攀比心理也有着正面的意义，它可以激励孩子不断进步，向比自己强的人学习。比如孩子不爱学习，父母可以采取一定的奖励制度，把孩子喜欢的东西作为奖品，达到目标就给予奖品。但是这种方式不能时常使用，应该适当和适度，避免产生负面效果。

比如，可以让孩子在学习、才能、意志力、良好行为等方面同小伙伴进行攀比，或者鼓动孩子自制玩具，积存零花钱来买想要的东西等，这样对他的整体素质提高很有帮助。

（4）端正自己的言行，做好孩子的榜样表率

想要孩子改掉攀比心理，父母就应该端正自己的言行，给孩子做好表率，不能处处与别人攀比，更不能总是拿孩子和别人家的孩子比较。

如果父母发现孩子有攀比现象，就一定要认真反思自己的言行，做到不超前消费，不比穿比吃。

⑸ 不要过高要求孩子，教育孩子不要凡事苛求完美

孩子总在各种环境中表现出嫉妒，很大一部分原因在于心理负担过大。而造成这种情况的，正是孩子的父母。面对着父母的高要求，孩子不得不凡事追求完美，因此，他也不接受自身的缺点和不足，在生活和学习中争强好胜。在这种环境下成长的孩子心理素质差，总想任何事情都与对手攀比。

因此，作为父母，应当根据孩子的实际情况，合理科学地给孩子提出要求，告诉孩子人不可能是十全十美的，这样他才不会什么事情都与别人“一较高下”。

⑹ 不要太溺爱孩子，也不要孩子要什么就给什么

父母不要一味地溺爱孩子，可以有效消除孩子的攀比心理。平时，不要让孩子养成“我要什么你们就得给我什么”的坏习惯。父母应该让孩子知道，哪些要求是合理的，哪些要求是超标的，给孩子正确的引导，孩子才不会过度羡慕和嫉妒别人。

7.胆小的孩子，都有一个粗心的爸妈

很多家长发现自己家的孩子“窝里横”，就是在家里活泼好动，横冲直撞，什么都不怕。可到了外面的时候，就变得内向胆

小，不敢大声说话，不敢和小朋友交往，即便是受了欺负也不敢反抗。家长们不禁发出疑问："孩子为什么会这样呢?"

小明今年三岁半，本来孩子家里非常活泼，可一次偶然的机会，妈妈发现原来自己的孩子这么胆小内向。这一天，妈妈带他去参加一个朋友的婚宴，那天，来了很多和小明一般大的小朋友，那些小男孩、小女孩聚在一起，追追赶赶，打打闹闹，好不开心。可小明却像一个胆小的孩子，牵着妈妈的衣角，低着头，不吭声。

妈妈将小明带到那群孩子中间，他却像个木头人似的，站在那儿一动不动。过了一会儿，有个调皮的男孩跑过来推他，他本能地后退一步，向妈妈投来求助的目光。妈妈非常生气，大声呵斥他："你就不能自己解决问题吗？你怎么这么胆小怕事？小明的妈妈觉得自己在朋友当中丢了脸，发誓再也不带他到公众场合去了。

孩子的爸爸却有不同的观点。他说，孩子胆小可能是因为他以前一直跟着爷爷奶奶，和外界接触的机会比较少，现在要多带他出去，锻炼一下。这以后，爸爸只要有应酬，都要带上他。可小明的表现却越来越让爸爸妈妈失望，后来他在外人面前连口都不开了，问他话，他只是摇头或点头。

所谓胆小，其实就是一种恐惧心理。对于每个人来说，恐惧都是一种正常的情绪，但是长期处于恐惧之中，对人的身心危害是很大的。而对于孩子来说，其危害性则更大。所以，父母如果发现自家的孩子胆小内向，在外人面前战战兢兢，沉默寡言，什么也不敢做，那么就一定要重视起来。

事实上，孩子胆小，这其中有很多种表现。一些孩子，对事物或人的恐惧属于条件反射式的，如“一朝被蛇咬，十年怕井绳”说的就是这种现象，有的人可能会因为看到一些天灾人祸等可怖的事物，形成条件反射，再遇到相似的事物或情景就会联想起当时的恐怖，于是心惊胆战，坐卧不安。

还有的孩子心理平衡与调节能力较差，自尊心、虚荣心过强，怕出问题，怕影响自己在他人心中的形象，因此事事小心，处处谨慎。无形中，使本来就脆弱的神经更加敏感。比如不敢参加集体活动，即使勉强参加，也很难融入团队之中；缺乏自信心，担心自己什么也做不到，即便是很简单的事情。

如果孩子胆小的情况非常严重，那么，他对其他同年龄孩子觉得无所谓的事情都会怕得要命。比如，怕见到陌生人，怕自己的影子，稍大一些的孩子还可能怕天黑、怕打雷、怕独自一人待在屋里等。更为严重的是，有些孩子还会出现严重的自闭倾向，具体表现为喜欢独处。但事实上，心中又常常感到压抑、孤独和焦虑。

心理学家们经过研究发现，幼年和童年时期的恐惧心理若没有得到很好的解决，在成年以后就有可能形成严重的心理问题甚至心理障碍。尤其是孩子的恐惧、畏缩受到外界刺激的强化，更容易形成不正常的心理。由此看来，孩子的恐惧心理有必要及时、恰当地纠正。

那么，孩子的胆小是如何形成的呢?

对于胆小的性格，心理学研究认为，它的产生有很多原因。从医学角度上来看，产生恐惧的直接原因是中枢神经系统对外界刺激过于敏感，其所做出的反应超出了应有的限度。这种过度敏感一方面与母亲孕期过度紧张、焦虑以及生产时的难产、剖宫产等有关，另一方面与家长对孩子过分限制、过度保护、缺少爱抚等有关，如怕孩子受伤而不让其多活动，不准孩子与外界适当地交往，当孩子有一点小伤病时家长就大惊小怪等。

此外，由于有些家长管教粗暴，喜欢采取打骂恐吓的方式，如对孩子说“你再不乖，就让警察把你抓走”等，也会在孩子心灵上造成创伤，使孩子始终处于惴惴不安的状态，与人沟通交往时缺乏自信。

由于孩子未受到生活的磨炼，自我保护能力低下，反而易受伤害，其恐惧心理甚至会影响到长大以后的心理健康。

通常情况下，孩子在不同的成长阶段有不同的恐惧对象，婴幼儿时期，由于对这个世界比较陌生，孩子通常害怕小动物、怕突然的响声、怕雷电等；到了五六岁时，由于对周围的环境逐渐熟知，孩子开始对另一些东西感到恐惧，如怕单独睡觉、怕鬼怪故事、怕成人发怒等；而学龄儿童，则可能对被人嘲笑、恐怖的影视镜头等，甚至一些生活中的琐碎事物更害怕一些。

这些恐惧对象具有共同性，但并没有上升到心理问题，如果父母给予安慰和鼓励，不会导致孩子胆小。可一旦父母没有及时帮助孩子，那么就会在孩子心中产生深刻的印象，从而更加恐惧。所以，当孩子出现了比较严重的恐惧心理时，父母就应当用适当的方法，帮助孩子进行疏导。

【给爸妈的话】

在家像只横行的小老虎，出门变成胆怯的小绵羊，这是不少胆小的孩子最直接的表现。所以，一些父母常常说自己的孩子是“窝里横”，并为他们“拿不出手”的表现头疼不已。

其实，孩子胆小很大部分原因是父母粗心和教育方式不争造成的。父母应该多实行鼓励式教育，提升孩子的自信心。

(1) 在家别太宠溺孩子，多让孩子到外面去见识一下

很多胆小的孩子，他们往往是在家中受到过多的宠爱与纵容，很少与外面的社会接触，所以他们才会对公共场合、集体活动产生了未知的恐惧。

所以当孩子在家里时，家长可别太由着其性子去做事，或凡事替孩子包办，而应适时放手，让他多到外面去见识见识。

(2) 提高孩子自信心，但不要操之过急

上面事例中小明胆小，不敢与别人玩，妈妈则索性把他推到别人面前，让他“自生自灭”，还因为孩子表现不好而大声训斥。这种行为是非常错误的，更会让孩子产生恐惧心理。

想要让孩子不再胆小，就要提高他的自信心，但是不能操之过急。父母可以邀请一两个孩子到家里来玩，因为是熟悉的环境，这样既可以让孩子与别的小朋友交往，又可以让他感受到安心。久而久之，孩子的心态逐渐放开，与人交往的愿望就会逐渐

增强。

(3) 不要打击孩子，要用鼓励性的语言

所谓胆小，其实也属于自卑的范畴，可以看作是自卑的表现。如果父母不仅不鼓励孩子，反而用“小气鬼”“没用”等字眼打击他，他只会更深地缩进自己的壳子里，不敢与别人交流，因为他更害怕受到父母的批评和指责。

因此，如果孩子表现得不如人意时，父母应当耐心地予以安慰和鼓励，这样他的信心才会慢慢增长，直到把胆怯和恐惧抛到脑后。

(4) 体谅孩子，更要强化孩子的闪光点

如果孩子总是不愿与他人交流，父母首先不要拿他跟那些善于交际的孩子比较，要体谅他的心情；也不可由于心急而粗暴对待，这样会使孩子更加恐惧，更不敢与人接触；也不能当着外人的面说“我这孩子就是胆小”，这样会强化孩子的恐惧和怯懦心理，让他认为自己就是胆小、懦弱。

父母最需要的就是，要积极强化孩子表现出的闪光点，鼓励孩子千方百计克服所遇到的困难。同时，父母还应该让孩子不再依赖自己，要以亲切的态度，诱导并鼓励宝宝克服心理上的缺陷，去与周围的环境及人接触。

(5) 不要吓唬孩子，而是应该正面教育孩子

由于孩子的胆子过小，所以有时候，他会用哭闹的方式表示拒绝。这个时候，父母要多进行正面教育，不能吓唬孩子，比如“外面有骗子，会把你骗走”，更不能说“外面有怪物，会把你吃掉”。否则，孩子的内心就会留下阴影，害怕外界的东西，从而变得胆小。

如果父母的时间充裕，那么就应尽可能多地陪陪孩子，和他一起玩，启发他玩出新花样。如果因有事不能陪孩子玩，可在注意的前提下，规定他在什么地方玩，玩多长时间。

8.认生不是毛病，但别让它变成毛病

很多孩子比较乖巧，可就是害怕遇到陌生人，不是不敢抬头，就是哭闹不已。面对这样尴尬的情形，父母只好尴尬地说：“我家孩子什么都好，就是有点认生。”虽然认生是孩子普遍存在的问题，但是孩子太大了还认生，不愿意接触外面的世界和其他人，那就不太好了。

龙龙两岁半了，看着龙龙一天一个样，爸爸妈妈心里甭提多

美了，不管多忙多累，他们只要一看到宝宝的可爱模样，就忘了一切烦恼，和龙龙共享着成长的喜悦和快乐。

可是最近几天，龙龙却让妈妈颇为头痛。什么事情呢？原来龙龙见不得陌生人。只要看到家里来了客人，龙龙看了一眼就开始哭，怎么哄怎么逗也不管用，非得把他抱到别的房间才行。带宝宝到外面玩，许多邻居都喜欢逗弄他，宝宝还是见人撇嘴就哭，弄得别人都不敢逗他。到了晚上，妈妈更是不能离开，非得妈妈哄才能睡着觉。

妈妈不禁奇怪，难道宝宝有什么问题，宝宝为什么认生如此厉害呢？

在孩子刚出生之时，心理不会有认生的概念，因为宝宝的视力及智力还不能辨别哪个是父母，哪个是阿姨。在这个阶段时，无论是谁抱他，他都不会害怕，只要有人在身边，他就很安静。

但是，随着时间的流逝，孩子开始一天天长大，他的智力、视力飞速发展，在三四个月时已能对妈妈做出反应，只要你走近他身旁，他就会乐滋滋地往上拱起身子，示意让妈妈把他抱起来；或者你在屋内做事时，孩子的目光也常会追随你的身影，一旦你不在屋内他就会哭喊。

当孩子 5 个月时，随着自我认识和活动范围的扩大，识别能力不断增强，已能区别父母和其他人。进入第 6 个月，这个时候的孩子已能对熟人表现出好感，对生疏的人表现出陌生感，已经开始识别家中不同成员并且对各人有不同的反应。这时的孩子已开始有了依恋、害怕、认生、厌恶性、爱好等情绪。

孩子的认生期，主要是从第 8 个月开始的。人们也把这个时期称为“8 月之恐惧”。而到了 12 个月大的时候，这种现象基本上会消失，但是少部分孩子的持续期可能会更长些，持续到 3 岁左右。

所以说，孩子在这个期间认生，其实是他们心理发育的表现，父母不必过分担心，只要做好一定的措施，那么就不会对未来的生活产生什么影响。

然而，如果孩子在 4 岁左右还是对陌生人产生认生感，那么这就要引起父母的注意了。这时，父母应该多带孩子出去玩，多与他人交往，同时，要多给他一些认识世界的视听刺激，比如听音乐、讲故事、看电视、一起玩游戏等等，这些社会活动对孩子而言是必须的、有益的。

【给爸妈的话】

认生对孩子来说是一种非常正常的现象，父母不能不把这个问题当回事，更不能让它成为孩子身上的毛病，否则等孩子长大了就麻烦了。

(1) 防范于未然，让孩子从小就多接触其他人

人们常说，预防于未然，想要让孩子不认生，最好的方法就是提前预防。所以，父母在孩子还小的时候，就应该有意识地带孩子多接触其他人。比如，让家里其他人员帮着给孩子喂奶、喝水、换尿布、逗着说话、抱着玩、做简单的游戏；多带孩子到外面玩，接触外面的世界、更多的外人，帮助孩子适应他可能接触到的各种社会环境。

(2) 让孩子多接触女性和同龄小朋友

一般孩子都会对年轻女性和小孩子比较依赖和放心，所以，让孩子接触陌生人可从这些人群入手。

比如带孩子到户外玩耍、去亲友家或有友人来自己的家中做客时，父母可抱着孩子先与那些漂亮阿姨或者小朋友打招呼，做做游戏，这样可以让孩子逐渐意识到周围还有许多别的人，他们也都是和蔼可亲的。这样孩子的认生心理就会逐渐减少，不会那

么怕陌生人了。

(3) 培养孩子的安全感，不要吓唬孩子

要想孩子不认生，父母就要对孩子的态度稳定，不要忽冷忽热。照料孩子、与孩子接触的时间最好固定，尽可能避免孩子长时间见不到妈妈。

最重要的是，小孩子都比较敏感，缺乏安全感，如果父母时常用“再怎样，我就不要你了”“你再不听话，就把你送给谁谁谁”，那么孩子就会越来越胆小，越来越怕陌生人。

(4) 别强迫孩子和陌生人交往

孩子认生，就是因为他不愿意与陌生人交往，这时候父母应该慢慢地引导和给予鼓励。如果父母强迫孩子与陌生人交往，那么孩子就会产生排斥心理，进一步加深认生心理。

比如，孩子不愿意跟陌生人亲近，那么父母就不能强迫他和陌生人单独在一起；孩子不愿意在公众场合向别人问好，父母也不能因为自己的面子强迫孩子。

在遇见孩子不认识的人时，父母要很正式地向陌生人介绍孩子，但是不要强迫孩子打招呼，而是以轻松愉快的态度面对陌生人，这样可以很快帮助孩子消除顾虑。时间长了，孩子害怕的心理自然就会得到克服，并且变得越来越自信。

（5）逐步扩大交往范围

要想孩子不认生，父母首先要让他树立信心。所以，父母可以从孩子比较熟悉的人开始，让孩子习惯跟妈妈或者抚育人以外的人交往，然后让孩子逐渐接触“熟悉的人比较多，而陌生人比较少”的环境。

当孩子在熟悉了有少数陌生人在场的环境之后，再扩大他的接触范围，让孩子一点点适应与陌生人交往以及适应陌生环境的能力。

（6）不要太溺爱孩子

孩子认生，多数都是因为胆小。而胆小的原因，就是因为被父母溺爱。比如，父母看见孩子正爬向床边，不要表现得过于吃惊；孩子磕碰了一下，不必过分安抚；孩子要自己拿杯喝水，就让孩子自己拿等等。

这是因为，多数孩子对成人的态度很敏感，如果父母对孩子总是很担心、很焦虑，孩子多半就会变得比较胆小，久而久之，他就会产生了认生的心态。

第 5 章　挖掘异常行为根源

——对于孩子的异常表现，你怎么看

孩子的行为异常，往往是由精神或心理问题引起的。这种异常行为会妨碍孩子身心的正常发展，影响学习，成长后也常有偏离正常的人格特征及行为。然而很多年轻父母面对孩子出现的异常行为表现，往往未能足够重视，直到愈演愈烈才追悔莫及。在此提醒爸爸妈妈们，对于孩子的异常行为，早发现、早干预是决定矫治效果的关键。

1.孩子经常尿床，不要粗心大意

很多孩子都有尿床的毛病，尤其是两三岁的孩子。这些孩子时常在睡觉不久便会尿床，而且尿后不会醒过来，即使唤醒以后也表现得意识迷糊。其实，虽然孩子对自己随处小便的行为完全察觉不到，但是事后也会感到羞愧、恐惧，精神负担加重。如果这个时候，父母嘲笑孩子，或是责骂孩子，那么就会加大他们的心理压力，让情况变得越来越严重。

因此，父母应该认识到，孩子尿床，其实并非是大毛病。实际上，5岁以下的幼儿在白天或夜晚发生不自主的排尿是一种普遍现象。

安安三岁半了，白天大小便都不成问题，可是一到晚上，如果不在半夜叫醒他的话，第二天肯定就要支起竹竿“晒地图”了。最让妈妈头疼的是，有时候叫早了，安安还没有尿意，又哭又闹不肯起来，有时候睡过头叫得迟了，安安就已经开始在床上“画地图”了。

安安妈妈听说很多同龄的小朋友已经会在夜间自己排尿了，于是很困惑安安是不是得了遗尿症。

那么，孩子为什么会尿床？

首先是孩子的大脑未发展完全，没有形成控制排尿的自我意识。随着年龄的增长，孩子的膀胱感觉神经成熟发达之后，才能形成反射性排尿的习惯，这样才能有主动尿尿的意识和习惯。其次，如果孩子白天过于疲倦，或是兴奋过度的话，那么到了夜间，睡觉就不安稳，就会不自主地排尿。

同时，孩子对环境比较敏感，一旦在陌生环境过夜，就会感到恐惧和不安，就会在夜间尿床。比如孩子在亲戚家过夜的时候，或是刚刚上幼儿园的时候，就比较容易尿裤子，而这些都是比较正常的现象。

另外，父母的教育对于孩子也有很大的影响，我们经常会发现，一旦孩子在睡觉前，受到父母的惊吓和责骂，那么就会尿床。比如部分父母不能正确对待孩子尿床问题，一发现孩子尿床就会高声责骂，还会动手责打，这样不仅不会让孩子改掉尿床的习惯，反而会损害了孩子的自信心，加重了孩子的心理负担，反过来又加重尿床，于事无补。

【给爸妈的话】

一般来说，孩子尿床只是表面现象，其心理根源往往是胆小、敏感、易于兴奋或过于拘谨。所以，父母还应从重视孩子的心理，培养孩子自信、乐观的性格，从根本上改善尿床的现象。

(1) 不要让孩子长时间坐便盆

有些粗心的妈妈晚上把孩子唤醒后，让孩子坐在便盆上，边玩边撒尿。其实有时孩子只是坐在便盆上玩，并没有用心尿尿，这样一来，很难让孩子把排尿与坐便盆联系起来，从而养成不好的习惯。

(2) 不要过早进行排尿训练，刻意反而适得其反

为了让孩子形成良好的排尿习惯，有些父母便有些操之过急，在孩子才几个月的时候就开始刻意地进行排尿训练了，以防止孩子之后尿床。但这样做往往会适得其反，因为孩子的年龄还这么小，他们对认知和语言理解能力尚不成熟，不能承受复杂的排尿训练，刻意而为反而会让孩子排尿紊乱，从而导致经常尿床。

(3) 不要责骂孩子，更不要加重孩子的心理负担

孩子一旦出现了尿床的情况，父母千万不要责骂他，因为这样只会给孩子增加心理负担，而对于克服尿床的习惯没有任何帮助。

我们都知道，孩子越骂越胆小、越骂心理状态就越不好。而对于每个小孩子来说，尿床都是不可避免的，是成长过程中必须经历的事情，并不会因为你的责骂而消除，也不会因为你的责骂而改变。父母为什么要增加孩子的心理负担呢？

(4) 不要反复叫醒孩子，刻意起夜更容易导致孩子尿床

为了不让孩子尿床，有些父母就会在夜里反复叫醒孩子，让他排尿。但这样做，常使得孩子的膀胱不能得到充分扩张，很难产生明显的尿意。

如果孩子不想尿，你偏要叫他尿，孩子没有尿意，你非要让他尿，就会让孩子对这件事感到厌烦，就会让他对尿尿这件事产生紧张和恐惧心理，从而导致孩子尿床。

比如有些父母叫醒孩子之后，必须让尿完了才能离开便盆，不管孩子是否有尿意，不管孩子是否因为睡眠被打扰而哭闹、挣扎。这样的行为是非常不好的，对孩子成长没有好处。

2.爱啃小脏手，是不是一种病?

小孩子吃手指是非常正常的，几个月的孩子就会允吸自己的大拇指。可是，很多家长发现，自己的孩子两三岁了，还有吃手指的习惯，这时候，家长就会想：“我家的孩子是不是有毛病，为什么老爱啃手指?”其实，如果你和其他家长沟通之后，就会发现，原来很多孩子都会有这个毛病。这是孩子们的正常表现之一。

婉婉 2 岁了，总喜欢把小手放在嘴里，有时候还会发出咿咿

呀呀的声音，她吃起自己的小手指就特别兴奋，妈妈每次看见婉婉吃手都把手指从婉婉嘴里拿出来，并且告诉她吃手指头不卫生，可是趁妈妈不注意，婉婉又不自觉地把涂了“蜜”的小指头放在了嘴里。

一般来说，当孩子刚出生时，口唇接触妈妈的乳头就会自发地做出吃奶的吸吮动作，这是一种生理性的吸吮反射。当他们在饥饿时，无论口唇碰到什么东西，都会引起吸吮反射，甚至在熟睡中也会自发地出现吸吮动作。

等到孩子的年纪再稍大一点，大多数孩子如果感到饥饿了，就会将自己的手指放在口中吸吮。这是非常正常的现象，爸爸妈妈千万不要觉得这是一个毛病，更不要太在意。只是，当孩子到了 2 至 3 岁后，身体和心理发展逐渐成熟，生活也有了规律，所以饥饿的时候，就不再吸吮自己的手指，而是向妈妈要求吃东西。

但是，如果孩子进入四岁后还吃手，甚至出现咬指甲、咬被角、咬衣服袖口的现象，这就可能是行为问题，父母应该给予重视，并且及时对孩子的行为进行矫治了。

那么，孩子长大之后，为什么还会吃手指呢？

其实，这种行为是孩子内心渴望关爱的一种体现，是孩子对父母爱的呼唤。由于现代社会生活节奏快，所以，爸爸妈妈或看护人因为工作或是其他原因对孩子关爱不够，很少有时间与孩子肌肤相亲，很少陪孩子说话、做游戏。所以，当孩子饥饿、患病时就无法得到及时的抚慰。由于是从小就养成的习惯，或是最初的本能，孩子就会不自觉地吃手指。

此外，孩子吃手，这也是他排遣压力的方法。如果孩子的生活环境、看护人经常更换，或爸爸妈妈对孩子要求过严，经常训斥打骂孩子，父母的关系不好等等，那么孩子的心理压力就会非常大，感到恐惧和不安。而在较大心理压力下，孩子会通过吃手来排遣内心的压力。

孩子吃手还有一个原因，就是为了摆脱孤独。由于现在的孩子都是独生子女，难免有些孤单，一个人做游戏、一个人吃饭、看电视，一旦接触不到同龄的伙伴和新鲜事物，就会感到寂寞和孤独，所以用吃手来排遣孤单和寂寞。

父母对孩子的训斥也是比较重要的原因。如果孩子吃手的时候被爸爸妈妈严厉训斥，那么孩子就会更加紧张，反而让孩子更加强化了这种行为。当然，父母也不能对孩子吃手看之任之，而是应该及时找到原因，进行引导和矫正，否则就会让孩子养成吃手的固癖。

毕竟吃手对孩子有很多不良的影响，比如小手浸泡在口水里，受到牙齿的压迫，时间一久容易出现手指蜕皮、肿胀、感染、变形；容易影响孩子出牙，时间一久可能会引起牙齿排列不整齐，牙齿闭合不良；况且孩子手指东摸西动，粘了不少脏东西，一吃手，脏东西就入口了，容易引起腹泻、感染寄生虫等。

【给爸妈的话】

如果孩子形成了吃手的坏习惯，这不仅会影响孩子的身体健康，也容易令他产生紧张、焦虑、自卑、抑郁等不良情绪情感，影响孩子的心理健康。所以，父母就应当对他及时制止。

(1) 给小嘴找个依靠

1 岁以下的孩子，会因为饥饿而时常吃手，这时候，父母可以给小嘴找个依靠，或是给他一块磨牙饼干，或来个安慰奶嘴。这都可以缓解孩子吃手的欲望，帮助孩子改掉这个不好习惯。

(2) 给孩子找个伙伴，让他不再孤单寂寞

有的孩子吃手，有可能是因为孤独。所以，父母可以让孩子

多和小伙伴一起玩耍，鼓励他多结交小朋友，当孩子时常接触外面的新鲜世界，就不会感到孤单寂寞，就会改掉吃手的毛病。

另外，父母还可以多带孩子做游戏，安排丰富多彩的活动，尽量不让他一个人闲着，他就想不起来吃手了。

(3) 多陪陪孩子，了解孩子需求

要想孩子不吃手，父母就要多搂抱、多陪伴孩子，仔细分辨孩子的各种要求，满足他的各种需要。如果孩子是因为饥饿吃手，就应该合理地给孩子安排饮食；如果孩子是因为寂寞，父母就应该多陪孩子，有条件的妈妈可以为孩子做抚触按摩，睡前给孩子讲轻松愉快的故事。

不管是什么理由，当孩子的需求被满足时，孩子就不会再想着吃手的事情了。

(4) 情况严重时，请医生帮帮忙

如果孩子已经到了4岁还吃手，并且其他方法都没有效果的时候，父母就应当带着孩子一起咨询心理医生，和医生一起分析孩子吸吮手指的原因，根据不同原因进行纠正。

如果孩子的症状较轻，父母可以采取满足孩子情感需要等措施，重者采用行为矫治方法。比如，在孩子经常吸吮的手指头上抹黄连素等无毒的苦味剂，让孩子吸吮时产生厌恶感，以此减少或消除这种不良行为。

需要注意的是，在矫治过程中，父母的态度一定要和蔼，语言动作要轻柔，以关爱鼓励为主，不要大声呵斥、打骂孩子。当孩子有进步的时候，父母要及时给予表扬和鼓励。

3.噩梦缠身，你怎么帮孩子解脱？

做噩梦，这是很常见的一件事情，相信每个人都有过体会，孩子也不例外。在国外，曾经有专业的机构做过调查与统计：在 2 至 10 岁的孩子中，大约有将近 50%的孩子会做噩梦、出现梦魇，而 5 至 7 岁这个年龄段，更是做噩梦的高峰期。他们还发现，在孩子的噩梦中，时常会出现妖怪、野兽、魔鬼和坏人等。但是随着年龄的增长，噩梦的发生率会逐渐下降。

一般来说，做了噩梦的孩子都会突然的号啕大哭、大喊大叫或者突然惊醒，在床上坐起。醒了以后，他就会有短暂的情绪紧张、面色发红、心跳加快，并且对梦境中所产生的内容还能有片刻的记忆，等到随后又进入到睡梦状态，在第二天的时候就不会再记得之前的内容。

丝丝原来是个胆子很大的小姑娘，可是最近却像变了一个人似的，胆子特别小。这还要从丝丝晚上总做噩梦说起。

一天晚上，爸爸妈妈刚躺下，就听丝丝在屋里大哭，一边哭一边喊：“快来打坏蛋。”爸爸焦急地跑到丝丝的屋里，只见丝丝两腿拼命地蹬，手还时不时地在空中比画，最后终于被惊醒，被惊醒后的丝丝一下扑到爸爸的怀里阅：“爸爸，我怕！”爸爸妈妈把丝丝抱到自己房里，这才睡了一个安稳的觉。

之后的几天里，丝丝常常从梦中惊醒，并经常大喊：“妈妈快来救我啊！”“走开，讨厌！”有时醒来后就喊爸爸妈妈，然后爬到妈妈身边紧紧抱着妈妈浑身发抖。妈妈常问丝丝刚才梦到什么了，丝丝总说梦见大恐龙还有妖怪，要不然就是坏人要把她绑架。丝丝大多是在半夜做梦，每次噩梦后都无法很快入睡，需要爸爸妈妈长时间的安抚，或者要求让爸爸妈妈陪着她一起睡。

由于经常做噩梦，丝丝白天精神很不好，饭量也减少了，而且一到晚上就害怕，不敢一个人待在自己的小房间里睡觉，更不敢到没有人的房间取东西。看着孩子这个样子，爸爸妈妈不知道怎么为才好，不禁问道：“孩子这是怎么了，为什么总是老做噩梦，长此以往该怎么办？”

通常来说，做噩梦是由于精神因素所导致的。例如，在睡觉之前听取了紧张而又兴奋的故事；观看了惊险刺激的电视、电影；或者卧室里面的空气过于污浊、闷热；被褥过重；手压在胸前位置；或者鼻咽部位的疾病所引起的呼吸道不通畅；晚餐吃的过多造成了胃部膨胀感等等，都可以导致噩梦的发生。

但是由于孩子年纪小，语言有限，加上某些环境因素的限制，不能在白天说出来，等到晚上意识的控制减弱时，才会以象征的形式浮现。因为在睡眠时，孩子大脑皮层活动量大，潜意识较为活跃，这时候，孩子潜意识中的焦虑、恐惧就会显现出来。

而一般来说，孩子会有两个时间做噩梦：第一次是刚睡着不到两个小时内，这个时候，孩子做的噩梦通常较真实，会使孩子从梦中惊醒后，之后就不敢再次入睡；第二次则是醒前的三小时内，孩子可能会突然惊醒，且发出叫声或哭泣声，脸上的表情是害怕、惊吓，且全身出冷汗、呼吸急促、心跳加快。这可能是孩子对日间所发生的不愉快的事件的反应。

这时候，家长不要太担心，因为根据心理学家弗洛依德的说法，梦是某部分清醒状态时精神活动的延缓。简单来说，就是孩子在白天的生活中，某些潜在的愿望没有得到满足，那么就会借梦来满足内心的冲动；或是当天发生比较重大的意外，或是惊吓，孩子一时间无法适应，那么就会通过梦境来抒发情绪、发泄能量。

不过，虽然孩子做噩梦是常见的，但是家长不能毫不在意，否则就会对孩子的心理造成巨大的影响。

【给爸妈的话】

孩子在做了噩梦之后，往往会哭叫不止或者目光呆滞、大汗淋漓，父母见此也是一时不知所措。可是，不管不顾怎么行？我们必须找到正确的方法帮助孩子解决难题。

(1) 让他安心这是最重要的一步

如果孩子从噩梦中惊醒，父母要及时地抱抱他，安慰他，给他安全感。当他娓娓道来梦中的场景时，父母要以一种温和、轻松的语言，来化解孩子心中的恐惧。

(2) 弄明白孩子做噩梦的原因

父母要弄清楚孩子为什么要做噩梦，是白天看到了可怕的东西，还是受到了惊吓。当孩子说清原因的时候，要安慰孩子不要害怕，有爸爸妈妈的保护，帮助孩子消除恐惧心理。

比如，孩子梦到恶狗袭击，父母可以给孩子讲讲小狗的可爱、乖巧，告诉他狗狗不会轻易欺负人。

(3) 给予正确的引导，不要吓唬孩子

如果孩子因为怕黑而做噩梦，那么父母可以在白天的时候多带着孩子在窗外走一走，告诉他没有什么可怕的，外面不过是一些树和其他东西的影子。

同时，父母千万不要吓唬孩子，不要说“不睡觉，晚上大灰狼就会把你抓走”，否则孩子就会时常做噩梦。

(4) 保持空间上的交流，不要让孩子感到孤独

孩子刚刚离开父母，独自在房间里面睡觉，难免会因为害怕孤独而做起噩梦。这个时候，父母可以向孩子说清楚自己一个人睡觉的好处，鼓励他们独自入睡。同时，刚开始父母可以打开孩子的房门，让他们可以听到父母的说话声，让他们感受到父母就在他们身边，这样就可以睡得更安稳了。

(5) 进一步分析噩梦的原因，给予心理的辅导

当孩子再次睡下后，父母不要蒙头大睡，而是应当分析孩子的噩梦。孩子的噩梦可能是一种讯息，比如换了新环境或是遇到了重大危机，这些小孩子短时间内很难接受。父母应该及时给予

心理辅导，积极地引导他们，否则孩子就会长期限于噩梦之中，从而影响身体和心理的健康成长。

4.宝贝恋物，这是安全感缺失了

很多孩子都喜欢小娃娃、小汽车等玩具，对于自己最喜欢的玩具经常爱不释手。这是非常普遍的现象，但是有些孩子却出现了这样的现象：对自己的喜欢的宝贝达到了依恋的地步，走到哪儿都拿着它，不允许其他人碰，或是离开了它就睡不着觉。

通过专家的研究和观察，发现孩子的慰藉物多是一些毛绒的、柔软的、让人摸起来感到舒服的东西。比如毛绒小熊、小狗，可以帮助缓解不快和激动的情绪。换一种说法，就是孩子为自己找了一个亲密的伙伴，他们可以帮助孩子们度过这些暂时还难以对付的情绪或者环境。

所以说，孩子依赖慰藉物行为，严格意义上不能称作“恋物癖”，因而爸爸妈妈不必太过担心。如果宝宝天生就喜欢柔软的、舒适的物品，因而常常会无意识或有意识地对柔软的物品具有好感，从而表现出“恋物”的行为。其实这种行为不仅不是“恋物癖”，甚至连恋物都称不上，只是一种本能的表现。

贝贝有个小娃娃，那是妈妈出差的时候给她买的，刚刚带回来的时候，贝贝也没有表现出特别的喜欢。当天晚上回家，妈妈把娃娃放在贝贝旁边照相，照着照着贝贝就搂着小娃娃睡着了，没想到从那晚开始，贝贝每天晚上都要抱着娃娃睡觉。

虽然贝贝的玩具箱里有很多娃娃，但是它却对这个娃娃情有独钟。不论是去亲戚家小住还是去旅行，贝贝都要随身携带着娃娃，一刻也离不开。

一次去舅舅家，因为当时并没有打算让贝贝住在舅舅家，妈妈就告诉贝贝不要拿着娃娃了，不方便，贝贝虽然有些不情愿，但还是勉强同意了。没想到在舅舅家玩得太晚，舅舅一家就把贝贝和妈妈留下来住，可睡觉的时候，贝贝见没有娃娃，就大闹起来，怎么也不肯睡觉。舅妈拿着小姐姐的娃娃逗贝贝，贝贝仍然大哭着要回家和娃娃一起睡。

贝贝的妈妈没想到孩子对娃娃依赖到这个程度，是不是生了病，形成了恋物癖？于是妈妈此后只要贝贝抱过那个娃娃，就严厉地告诫她把娃娃放下，告诉她不许恋物，贝贝就会因此变得无精打采的。所以，到最后妈妈也并没有成功地阻碍贝贝对娃娃的“依恋”。

孩子在很小的时候，就会对某些东西表现出强烈的喜好，比如，抱着自己的小玩具，就会感到高兴和安全。在1岁之后，孩子们对某种东西偏好会变得更加强烈。

为什么孩子会表现出这样的行为？这是因为，当孩子1岁之后，身心逐渐成熟，行动更加自由、独立性更加增强。加之认知能力的增强，绝大多数孩子在这个年龄就已经体会到“分离”所带来的焦虑和紧张，从而产生了严重的不安全感。

所以，当父母外出离开的时候，他们会感到难过和恐惧。尤其当自己独自进入了一个房间，就会表现出紧张，或者面对自己不熟悉的世界，以及一些奇怪的事情，会感到内心恐惧。在成长的过程中，这些都是不可避免的，所以孩子便借由小熊、小狗等玩具来寻求安全感。

因为这些东西是自己最熟悉的，无论周围发生什么变化，不管爸爸妈妈是否离开，这个“宝贝”始终如一，孩子们从这种“不变”中为成长寻求着安全感，这就是孩子出现恋物症的重要原因。

有的孩子出现恋物行为，原因则比较特殊，这主要是因为这种孩子习惯于某种生活模式。这种情况，一般在2至4岁的宝宝中比较多见，因为这个阶段是宝宝秩序感发展的敏感期。在这个阶段，孩子会在事件的顺序性、生活习惯、所有物的归属等问题上表现出不容变更的心理和行为，因此会表现出强烈的恋物心理。

除此之外，还有一种比较特殊的情况：孩子本身没有什么恋物行为，他们完全是与父母的反抗。因为大人反对恋物，所以他偏要恋物。

当然，恋物习惯尽管不利于孩子的成长，但是却不代表它就是一无是处。在孩子紧张或者焦虑的时候，他们需要自己去面对和处理这些烦恼，于是，一个“宝贝”在此时就充当了一种特别的方法或者工具，它能调动起孩子自身的能动性，让孩子自己使自己变得平静、安详、坚强和有信心。

当然，恋物与孩子的成长环境和家庭气氛也有很大的关系。如果在孩子很小的时候，就缺乏父母的关心和爱护，或是父母经常在孩子面前吵架，那么孩子就会缺乏安全感。所以孩子就会喜欢一些特殊的事物，如娃娃、毯子等，幻想它们是保护自己的“英雄”，以至于和这些物品形影不离。这种行为是生理和心理上的基本需求。

所以，孩子的这种替代性行为，大多数都是暂时性的，当孩子习惯新的生活模式后，恋物现象就自然而然消退了。

【给爸妈的话】

对许多父母来说，要抽掉宝宝的奶嘴、旧毛毯、枕头，那可不是容易的事情。很多时候，父母会因为孩子的哭闹而妥协，可这对于孩子的成长没有好处。

那么，父母应该怎么做呢?

(1) 保持正常心态，改善亲子关系

如果父母发现孩子对某个玩具非常依恋，不要对这种行为感到奇怪，也不要焦虑不已。宝宝眷恋与他朝夕相处的物品属于正常现象，只要父母多多关心孩子，建立良好的亲子关系，让孩子有安全感，那么很多恋物行为就不攻而退了。

(2) 不要轻易改变宝宝的生活习惯

如果孩子的生活习惯被轻易改变，那么孩子的生活习惯就会被打乱，还会扰乱孩子认识世界的方式，从而使他产生不安全感。

不要以为只有转学、搬家、父母离婚这类的事情，才会改变孩子的生活习惯，其实，平时很多小事情的改变，比如洗澡顺序的改变，妈妈突然出差等行为，也会引发宝宝的焦虑和恐惧，从而不愿放弃曾经的“宝贝”。

（3）理解孩子，以温和的态度对待孩子

绝大多数的孩子，随着年龄的增长，身上的恋物行为都会逐渐消失。所以，父母应该理解孩子，不要因为孩子离不开某件玩具，就简单地认定他“恋物”，进而责骂或是简单粗暴地禁止他总是抱着自己的宝贝，这样只能适得其反。

（4）多和孩子交流，让他感受到父母的关爱和重视

父母可以在孩子表现出恋物心理时，要尽可能地让他明白，慰籍物、替代物再好，也是没有生命的，无法给孩子带来安全感。

父母要做的事情，就是多关注孩子，多与孩子沟通和交流，让他感受到父母对他的关爱和重视。并且让孩子明白，“宝贝”再好也时候没有生命的，无法给你带来丰富的情感交流，只有和父母多交流，自己才能获得安全感。

比如，父母可以每天多陪陪孩子，做做游戏、说说话。要记住，每天和孩子交流的时间至少要一个小时以上。

（5）多多拥抱孩子，驱散孩子的孤独感

让孩子摆脱恋物心理，就应该让他感受到温暖，驱散他的孤

独感。比如，父母可以多拍抚宝宝的背部和头顶，以解其“皮肤饥饿”。

父母应当明白，拥抱和拍抚不是奖赏，而应该是日常的、无条件的。甚至孩子做错事感到不安，也可以拥抱他，而且这种情况下的身体接触，比奖励性的身体接触更有意义，代表了无条件的爱和宽容。父母可以一边拥抱孩子，一边轻轻对他说：“妈妈在你身边，别怕!”“妈妈爱你，宝宝很棒”等等。这样，孩子的恋物心理就会逐渐消散。

5.虐待动物的孩子，并非天性残忍

一些小朋友喜欢小动物，比如小猫、小狗、小兔子等等，看到这些小动物就想摸一摸；但是一些小朋友却非常淘气，看到小动物就故意踢一脚，或是抓一下，好像是恶作剧一般。

5 岁的赫赫平时很调皮，看到谁家的小狗在那里，他就会故意大动作地跑过去，看着小狗吓一跳，就会高兴地大笑。妈妈经常教育孩子要有爱心：“赫赫，你要爱护小动物!”

可是，赫赫嘴上答应得很好，之后完全抛在了脑后。爷爷家也养了一只小狗，赫赫每次去爷爷家就会“欺负”它，不是揪小

狗的耳朵，就是拽小狗尾巴。看着小狗汪汪叫，他就高兴地说："真好玩！"看着孩子越来越过分，妈妈便生气地教训他："赫赫，不许这样，狗狗是人类的朋友，你怎么能这么对他呢？"

可是，孩子就是屡教不改，每次看到小动物就心生坏主意。爸爸妈妈感到非常着急，孩子怎么这么"坏"，难道是天性比较残忍和暴力？

生活中，像赫赫这样喜欢欺负小动物的孩子并不少，那么，为什么孩子会如此呢？

其实，孩子虐待动物有着复杂的心理原因，最重要的就是好奇心在作祟。小孩子具有很强的探索欲望和好奇心理。他们非常喜欢摸小动物，比如看到蹦蹦跳跳的小鸡、小狗，就有上前抓的欲望，就好像是看到了一个新鲜的玩具。这时候，他们根本不是存心伤害小动物，也不懂得这样做小动物会感到疼痛。

而从另一方面来说，孩子如果经常虐待小动物，也可能是为了发泄不良情绪。比如说，孩子受到父母的批评，内心感到非常郁闷和不满，心理压力变得越来越大。但是他不敢反抗父母，又找不到其他宣泄口，于是便去侵犯比他更弱小的生命——小动物。也就是说，孩子虐待动物的行为只是为了发泄心中的郁闷，缓解紧张或是愤怒的情绪。

除此之外，如果孩子经常看有暴力场面的动画片，玩有暴力行为的儿童游戏，那么也会对其心理产生严重的影响，从而导致暴力行为的产生。因为5岁之前的孩子没有任何判断是非的能力，经常因为好奇而模仿动画片或是游戏里的人物这么做，从而做出欺负小动物的行为。

其实，孩子从一出生开始，就在潜移默化中学习和积累各种情感。父母应该给予孩子正确的引导，让孩子充满爱心，懂得关心别人、懂得关爱小动物，这样对于之后的性格培养有很大的帮助。

【给爸妈的话】

小孩子虐待动物，并非是天性残忍，也不是有暴力倾向，这和心理发展有很大关系，所以父母应该给予积极正确的引导。

（1）鼓励孩子关爱别的小朋友

我们发现，孩子在很小的时候，看到周围有小朋友哭，也会跟着哭。这是因为，1至2岁的孩子，还没有形成“自我”概念，对自身感觉和他人的感觉不能区分出来。而从心理学上来说，这也是一种同情心理的体现。

这时候，父母不应该责怪孩子，而应该给予鼓励和引导，让他多关心其他小朋友。这样，孩子天性善良和同情心就会得到发扬。

⑵ 多让孩子和小动物相处

小孩子都是有爱心的，父母多让孩子和小动物相处，或是带孩子到幼儿园看看动物，满足他的好奇心和探索欲。同时，父母多给孩子讲小动物的可爱、乖巧，这样孩子就不会喜欢欺负小动物了。

⑶ 让孩子懂得小动物也会痛

很多小孩子就和布娃娃说话，与枕头做游戏等等，因为他们觉得每件事物都有生命。孩子可以利用孩子的心理特点，比如孩子欺负小猫的时候，父母可以模仿小猫的叫声，然后对孩子说："喵喵，好疼啊！呜呜……"当孩子产生情感上的共鸣，懂得小动物也会痛，就不会再使坏了。

⑷ 表扬孩子有同情心的行为

在陪伴孩子的过程中，当发现孩子做出善意的举动，父母要马上告诉他做得对，而且要给予及时的肯定和赞赏。比如孩子轻轻抚摸小狗时，父母要这样说："宝贝，真有爱心。小狗很可爱，对不对？"

这样，孩子就会知道自己的行为是正确的，同情心也就随之滋长了。

（5）让孩子远离暴力的环境

在生活中，父母要少让孩子看有暴力内容的动画片，少玩有暴力情节的游戏，可以让孩子多看有爱心的动画片，多玩有爱心的游戏。

6.孩子怕黑，你该怎样安慰他

在孩子群体中，怕黑是普遍存在的问题。当然，很多父母认为，孩子胆小怕黑是天生的，其实这种想法是错误的。那么，为什么孩子会怕黑?

很多小孩子都怕黑，安安也是一样。晚上，妈妈让她去厨房拿水果，虽然厨房的灯没有开，但是客厅的灯光是可以照到厨房，可安安就是不敢，说自己怕黑。

晚上睡觉的时候，安安总是要求妈妈开着灯，妈妈也总是以开灯对眼睛不好而拒绝，于是她总要紧紧地抱着妈妈才能入睡。有一次，妈妈有点事情需要处理，待安安睡熟之后，妈妈就离开了。一个小时之后，妈妈回来发现安安早就醒来了，卧室的灯开着，孩子缩在被子里。看到妈妈就一下子扑了过去，大哭着喊："妈妈，墙角有魔鬼，墙角有魔鬼。"从那以后，安安每天晚上必须有人陪着才能睡着，并且更加怕黑了。

一般来说，婴儿从 8 个月开始便有了记忆，并且当妈妈离开其视线时会感到思念，婴儿对离开母亲会感到焦虑。因为如此，孩子在 6 个月到 1 岁的时候，时常会在半夜惊醒，而父母进行安慰之后，还就会平静下来重新入睡。

孩子到 2 岁的时候，他们依然会害怕很多东西，认为很多可怕的东西会从黑暗中滋生出来。因为对于孩子来说，黑暗是未知的，是神秘的。到了 3 岁，孩子开始初步接触外界并渐渐懂事，因此，他们自然而然地就会想象出一些怪物，或者又大又凶的狗藏在黑暗的地方了。即使你开灯让她看了什么东西也没有，她仍然认为有可怕的东西藏在黑暗的角落里，就是她白天最喜欢的动物玩具，在夜里也可能变成了怪物。这些行为都是孩子在发育过程中很正常的现象。

所以说，孩子的恐惧感并不是什么特别心理问题，在很大程度上，这是源于他们丰富的想象力和无法分辨现实与梦幻的困惑。就像他相信圣诞老人会在圣诞前夜悄悄送给他礼物一样，他也同样相信会有怪物藏在他的床底下。

同时，孩子在3至4岁时，由于自我意识开始逐渐萌发，所以，他们对世界的认知有了一个飞跃性的感性认识，因此他们对危险更敏感，尤其是对黑暗感到害怕。到了6岁的时候，这种心理状态就会有所好转。因为他们可以清楚地认识到什么是真实的，什么是不真实的，对黑暗的恐惧也会逐渐消失。

但是如果这个阶段的孩子还怕黑，那么父母就应该重视了，这可能是孩子心理方面出了问题。通常，怕黑的孩子内心会感到孤独，当父母离开自己身边的时候，他们会觉得世界竟然这么大，自己却如此渺小和脆弱，从而对黑暗产生恐惧。因为，在黑暗里没有父母、没有朋友，所以就会感到孤独。

另外，如果孩子在黑暗中受到某种意外的惊吓，那么原本不怕黑的孩子，也会对黑暗形成了一个条件刺激，以后再进入黑暗的环境时，孩子就会触景生情，产生恐惧的条件反射。

【给爸妈的话】

5岁的孩子依旧怕黑，父母就应该考虑是否是自己的教育出现了问题，是不是出现了吓唬孩子的情况，是不是看电视的时候出现了恐怖镜头。当然，也有的因幼儿胆小、娇气和孤独造成的。

那么，父母该怎么做才能清除孩子怕黑的心理呢?

(1) 父母不要时常吓唬孩子

在孩子还小时，经常会无理取闹或是无休止地哭闹，这个时候，有的家长为了制止他，就经常用“不听话，就把你关黑屋子里了”“外面的魔鬼专抓不听话的孩子”等吓唬孩子。

当孩子听到父母的话语后，心里就会认为，黑房子、黑夜、老鼠等都是可怕的东西。所以孩子就会把可怕的东西和黑暗联系起来，并且对其避而远之。所以，想让孩子不怕黑，就不能时常吓唬孩子，这样不仅会让孩子胆小，很会缺乏接触和探求新事物的欲望和勇气。

(2) 不要让孩子看有恐怖画面的动画片、电视

孩子怕黑，很大一部分是受到了电视的影响。在一些动画片和影视中，经常会出现一些恐怖镜头，如伴随着黑夜出现的蒙面人、妖魔鬼怪等，这些，给孩子造成了“黑夜等于魔鬼”“黑暗都是可怕的”的心理定势。

孩子看了这样的画面，就会对黑暗产生恐惧，认为里面有妖魔鬼怪，有可怕的东西。不敢一个人待在家里，不敢自己睡觉，

怕黑心理越来越严重。

所以，在时间充足的情况下，父母最好陪孩子观看影视节目，不要让孩子看恐怖的动画片。如果孩子对恐怖镜头产生了恐惧，父母应该及时给予正确的解释，积极地引导孩子。

(3) 给孩子做好榜样，在孩子面前要勇敢

父母对孩子的影响是非常大的，父母怕黑，孩子也会耳濡目染。比如，一些年轻的妈妈自己怕黑，带孩子走夜路时显得紧张、焦虑不安，而这种不安情绪，极易感染给孩子，加剧孩子怕黑的心理。

一些孩子跟着爷爷、奶奶长大，而有些老人迷信，经常给孩子讲鬼神的迷信故事，使孩子相信妖魔鬼怪不是虚构的，而是实际存在的，那么孩子就会对这些产生恐惧心理，从而惧怕黑暗。

所以，父母及其他长辈在孩子面前，应当做好榜样，要扮演勇敢的角色，不要讲鬼神的迷信故事，这样孩子才不会越来越怕黑。

(4) 让孩子认识黑暗，提醒孩子黑暗并不可怕

父母要不断提醒孩子，黑暗并不可怕，黑是因为我们的眼睛看不清外界，这是非常正常的自然现象。当孩子正确认识黑暗的

时候，就不会再害怕了。同时，父母要给孩子更多的爱抚和关心，培养孩子的信心和勇气，增强孩子的安全感，这样孩子的怕黑心理就会逐渐减弱。

7.口吃的本质其实是心理障碍

我们发现，原本聪明伶俐的小宝宝，突然就会变得口吃起来。其实，口吃也是一种病，就是人们日常生活中说的“结巴”，这是一种语言障碍，多见于2至5岁的孩子。父母必须及时纠正孩子，严重时要带着孩子就医，否则就会越来越严重。

因为，口吃对于孩子来说，是非常不好的习惯，对于身心健康有很大的影响。一旦孩子口吃，并且意识到自己与别人的不同，那么就会产生羞愧心理，引起心理障碍，并陷入越说越说不清楚、越说越结巴的怪圈当中，影响正常语言交流和社会交往能力的发展。

同时，口吃的孩子还要承受心理的压力。因为他们可能会遭到同伴的嘲笑和讽刺，这会让孩子自卑，不愿意说话，严重时还会出现孤僻的心理，具有攻击性。

咚咚三四岁前，爸爸妈妈最得意的就是咚咚特别会说话，说话非常清楚，说的内容也格外逗人，邻里街坊亲朋好友都特别喜欢他。

后来，爸爸妈妈让咚咚上了寄宿幼儿园。当咚咚从幼儿园回来的时候，父母发现他说话时突然变得结巴了，每句话的第一个字要说上几遍才能继续表达完他要说的事情，偶尔还表达得没有中心思想。比如他想要吃橘子，就会说：“我、我、我想要那个东西，那个很好吃……

妈妈每次都要仔细听，好好琢磨才能明白他是什么意思。

看着原本口齿伶俐的孩子，变成了口吃，全家人很担心和焦急，生怕耽误了孩子的一生。于是，妈妈赶紧带着他进行治疗，但是却越来越失望。因为孩子说话的问题不但没纠正过来，而且口吃的毛病越来越严重了。

爸爸妈妈不禁抱怨说：“这是为什么呢？孩子为什么会无缘无故口吃?”

可很多家长，不明白孩子为什么会突然就会变得口吃。

经过医学专家分析，发现口吃的本质是对说话的恐惧而形成的心理障碍。一般情况下，这都是由父母或者老师的训斥造成的。

如果平时长辈和老师经常训斥孩子，那么就会使孩子产生对说话的恐惧。如果孩子受到了惊吓，比如父母过于严厉，孩子一旦太顽皮或做错了某件事时，就对他们厉声地呵责，那么孩子也会因为受到惊吓而变得口吃。尤其是对于那些说话口吃的孩子，训斥会让他们的内心更加恐惧，每次说话都要承受巨大的心理负担，使其正在发育的语言区经常处于混乱状态，最终对大脑的发育造成严重的影响。

同时，处于婴幼儿时期的孩子，自我意识发展很快，因此他们的表达和表现欲望逐渐增强。但此时由于语言机能尚未发育成熟，孩子的思维能力、词汇的掌握和组织句子的能力都在发展阶段，这使他们在表达复杂的思想时感到困难，说话过于急躁、激动或紧张。如果孩子急于表达自己想说的话，那么大脑中就会储存大量的语言信息，但是他们的语言表达能力却跟不上，说话跟不上思考的速度，那么就会出现口吃的情况。

另外，在孩子幼年期前，这是他模仿性最强的时期。孩子不单单喜欢模仿成年人的动作，也喜欢模仿同伴、同学的动作。而口吃的感染性很强，孩子们又具有强烈的好奇心，他们与口吃者经常接触，觉得口吃的人说话好玩而模仿，久而久之就容易养成口吃的习惯。如果同伴中有口吃的现象，那么孩子也会不知不觉地感染上口吃。

除了以上这些原因，有的时候，父母强行纠正孩子的“左撇子”，那么也可能导致孩子出现口吃。因为人们常常把控制说话能力的脑半球称为优势半球，习惯于使用右手的人优势半球在左侧，习惯于使用左手的人优势半球在右侧。孩子本来说话很流利，可父母强迫孩子改变“左撇子”的习惯，用右手拿筷子、拿剪刀等，那么有可能使大脑在形成语言优势半球的过程中出现功能混乱，从而导致口吃的现象。

【给爸妈的话】

孩子出现口吃，父母一定会非常着急，想要赶紧纠正他的这个毛病。但是，想要纠正孩子的口吃，父母切不可着急行事。

（1）分析孩子口吃的原因，正确地引导和教育

孩子口吃可能是很多原因造成的，父母首先应该认真分析孩子口吃的原因，并且积极地想办法解决。如果孩子口吃是因为模仿其他小朋友，那么父母就要告诉他们口吃是不能学的，但不可训斥，可以更多地表扬孩子流利的言语表达；如果是因为性格内

向、怯懦，不敢说话，那么父母就应该多鼓励孩子，增强孩子的自信；如果孩子是由于紧张、害怕而一时语塞，那么父母就应该想办法让孩子平静下来，想好了再说话。

(2) 耐心、细心地和孩子沟通

想要纠正孩子的口吃，父母就需要多点耐心与细心，心平气和地和孩子沟通，不要逼孩子多说话，不要强迫他去做各种练习。但孩子进步的时候，父母一定要及时给予孩子鼓励和奖励，这样孩子才能越来越进步。

要想孩子纠正口吃，这是个循序渐进的过程，所以，父母千万不要过于急躁，更不要太严厉地训斥孩子，否则孩子口吃的情况反而因为心理压力越来越严重。

(3) 让孩子听优美流畅的朗诵录音

如果孩子口吃，父母可以让孩子多听声音优美、表达流畅、内容合适的朗诵录音，比如儿童故事、幼儿诗歌等。等到孩子听得比较熟悉后，父母要让孩子跟着一起讲，一起念。需要注意的是，父母要保持轻松愉快的心情，不能有任何急躁的表现，在不知不觉间矫正孩子的口吃行为。

如果父母让孩子知道你是在矫正他的口吃，那么他会因为羞愧和紧张而增加心理压力，反而得不到很好的效果。

(4) 让孩子教宠物说话

对于口吃的孩子，父母可以送给孩子一个宠物，让孩子教宠物说话，这样一来，为了教会宠物说话，孩子会尽量使自己吐字清楚，一字一句地慢慢说，口吃的毛病就会逐渐改善。另外，宠物也能有效地改善孩子的心理状态。孩子与宠物说话的感觉，和大人与小孩子说话的感觉相似，没有多少心理负担。

而最好的宠物就是鹦鹉。这是澳大利亚语言矫正专家向家长提出的建议。因为鹦鹉可以学人说话，在对话中可以引发孩子教宠物说话的兴趣，还可以让孩子充满信心。

8.好尴尬，孩子爱摸“小鸡鸡”

很多男孩的家长有一个烦恼，就是孩子不知什么时候开始爱摸自己的“小鸡鸡”，一不注意，他就会偷偷地摸，好像是上瘾了一样，怎么说也不听。

当孩子年幼时，他的摆弄性器官行为与青春期后的“自慰”心理截然不同。因为孩子的年龄较小，往往对自己身体上的各种器官有浓厚的兴趣，尤其当孩子感到郁闷、孤独时，就会从摆弄性器官中得到消遣。这时候，父母如果觉得尴尬而大声地训斥他，孩子只会当时羞愧地停止，之后还会抓紧时机会我行我素。

伟伟是个 4 岁的小男孩，妈妈最近发现孩子也染上了这个毛病，经常将小手伸进裤子里摆弄自己的“小鸡鸡”。开始，她还以为是局部瘙痒所致，可涂了些药膏仍未见效，现在只要大人一不注意，他就赶紧乘机摆弄一会儿。

一次，妈妈带着伟伟参加单位组织的旅游，这个小家伙非常惹人喜爱，只见他一会儿趴在栏杆上看水景，一会儿和邻座的小伙伴打打闹闹，一刻也闲不住。

过了一会，小男孩安静地坐在那儿，趁妈妈不注意，又开始偷偷地摸。妈妈看见了，大喝一声：“你的手又在干吗啦!”小男孩赶紧将手从裤子里伸出来，满脸通红地坐在那里，妈妈还在不停地数落他。而妈妈也不好意思地和同事说起了自己的烦恼：“孩子为什么会这样，像是上瘾了一样，怎么说都不听，是不是犯了什么毛病?”

孩子爱摸“小鸡鸡”，有时候这会让父母感到很担心。但其实，这并不是什么严重的问题，生活中有这种习惯的孩子也并不少见。两三岁的幼儿是如此，甚至一些上小学一年级的孩子也会有这种行为。只要孩子长大了，过了这个年龄段就会逐渐减少。所以，父母不必对这个问题过于担忧，不要当着别人的面大声训斥孩子，也不要过分地唠叨，这样反而会加重孩子的心理负担。

很多父母都有这样的想法：只有男孩子才愿意如此。但事实上，女孩子也喜欢磨蹭自己的阴部，而且有这种习惯的女孩子甚至多于男孩子。

一般来说，小男孩经常会挤、蹭硬物引起性器官勃起，而小女孩常常跨着小凳子、栏杆或依着墙角摩擦会阴。通常当小孩子在摆弄自己性器官达到兴奋的时候，会满脸通红、出汗，严重时还会出现抽筋、神情恍惚。这种情况大多在孩子入睡前、睡醒后或独自玩耍时发生。

虽然孩子的这种行为并不是什么大事，但是，如果孩子不分场合、不分时间、持续性地摸“小鸡鸡”，那么父母就应该给予指导和建议了。

【给爸妈的话】

如果孩子摸“小鸡鸡”的情况比较严重，父母就要出面制止。一般来说，父母可以采取以下这些行动：

(1) 分散和转移孩子的注意力

如果父母见到孩子发生摸“小鸡鸡”的情况，可以及时分散和转移他的注意力。比如带着孩子玩喜欢的玩具，看小人书、看电视，孩子的注意力很容易转移，当父母把孩子的注意力转移开，这样就会使这种动作立即中断。

这样的方法经过反复多次后，孩子摸“小鸡鸡”、摩擦会阴部的不良行为就会逐渐消失。如果过段时间后，孩子又出现了这样的行为，父母也可以重复以前的治疗方法，这样会好转得更快。

(2) 平时多关心孩子，检查孩子是否不舒服

有时候，孩子经常抚摸性器官是因为不舒服，或是瘙痒，或是红肿。所以父母应该多关心孩子，检查孩子的器官是否发红。如果发现发红，那么父母每天就要用稀释的高锰酸 (稀释后溶液的颜色呈淡红色) 洗会阴部或龟头，直到发红消失。

父母也可以在孩子夜间入睡后，看看孩子的肛门周围是否有正在蠕动的小白线样蛲虫，如果有的话一定要及时带孩子就医。

值得注意的是，个别孩子是由于湿疹、尿布潮湿而引起性器

官瘙痒，经常挠抓而渐渐养成习惯。因此对孩子的皮肤疾病，父母要带着孩子及时给予治疗。

（3）切勿过分指责孩子，更不要当众训斥孩子

父母要在孩子不知不觉中给予关心、指教，不要在孩子面前表露出焦虑情绪，更不要惩罚责骂孩子。因为很多时候，训斥对孩子产生不了什么好的效果，找到这其中的原因才是最重要的。

（4）多带孩子到户外玩耍

孩子的这种不良习惯，一般都出现在早、晚的睡床上。所以，父母可以多让孩子到户外尽情地玩耍，新奇有趣的户外活动会促使孩子清早醒来即起床；而释放旺盛的精力，则可以让孩子迅速地入睡。当孩子早睡早起，睡眠良好的时候，就会逐渐改掉这个习惯。

9.是什么让孩子贪吃成瘾?

现代家庭的生活待遇有了明显提高，这时候，父母为了让孩子身体健康，茁壮成长，所以尽量让孩子多吃。还有些家长时常抱怨自己的孩子吃得太少，总想多塞给他些好吃的。因为很多家长觉得孩子正在长身体，吃得越多越好，可看到孩子不知道饥

饱，遇到喜欢吃的食物就拼命地吃，小肚子撑得圆滚滚的还不放下筷子。

每次吃饭时，两岁多的儿子光光的食欲都好得不得了，每次都吃个十成饱他才下饭桌。可趁着妈妈到厨房干活不注意，光光又转回身来舀了一勺米饭放进嘴里。

晚上吃完晚饭，光光还要吃零食，有时刷完牙，突然还是想要吃妈妈刚刚买的好东西。每次都要妈妈哄好久，才肯上床睡觉。

而到了外面，光光只要一看到别的小朋友在吃零食就用眼睛直盯盯地看着人家，好像家里从来不买东西吃的一样，搞得妈妈非常难为情。但是，多次警告光光也没有任何作用。有一次在公园，一个男孩子正在吃雪糕，小男孩的家长看到光光一直盯着，就又为光光买了一根。这让光光妈感到很为难，既不好意思接受，又没法拒绝。

有一天早上，妈妈给全家煮馄饨吃，当光光看到爸爸碗里的馄饨明显比自己多时，大声地哭起来。妈妈说："爸爸是大人，光光是小孩子，怎么能比爸爸吃得多呢?"可光光还是不依不饶，还扬言不吃早饭了，气得妈妈说："你那么小怎么能吃得那么多呢？要撑坏的!"

妈妈很矛盾，孩子肯吃饭是好事，有利于长身体，但是如果一味地贪吃，不知道饥饱，那么对身体也是不利的啊!

父母们也许没有想到，儿童对食物的天生偏爱本来就难以满足，有了家长的诱导，久而久之就会患“儿童多食症”。而“儿童多食症”，很多时候是他的心理作用和父母溺爱在作祟。

在许多情况下，孩子的“多食症”，都是由于父母的过分溺爱所造成的。父母经常过多地为孩子提供食物，使孩子在被动地吃的过程中，获得被疼爱的心理满足，从而产生了对食物的更大需求。还有些家长时常以食物作为奖励品，只要孩子乖巧听话，就给买零食，时间一长孩子就会贪食。

其次，孩子的多食症也可能是由感情缺乏导致的。儿童心理学家曾经做过一个实验：让年龄、体重相同的一组独生子女和一组非独生子女生活在一起，控制副食供给。两天后，结果出来了。实验表明：非独生子女的主食量大大超过独生子女。而当父母悉心照顾孩子之后，他们的饭量就会逐渐减少。所以，儿童心理学家得出结论：非独生子女因为父母平时精力有限，很难非常周到地照顾每个孩子，导致孩子缺乏关心和重视，从而只能用多食来补充情感需求。

除此之外，当孩子受到委屈时，也会选择吃东西来缓解心理的压力，比如孩子受父母打骂或小朋友欺负时，只要对方拿出几块糖来，孩子便会立即停止哭闹，因为甜味使孩子暂时忘记了不安全感。当孩子的生理需求无法得到满足时，也会依靠吃东西来获得一种满足感。

父母不要以为孩子贪吃没有太大坏处，实际上，这不仅会影响到他的健康，还会伤及孩子的大脑。科学家在一项研究中发现，一种能促使大脑早衰的物质——纤维芽细胞生长因子，会因过饱食物而于饭后增加数万倍，这是一种能促使动脉硬化的物质，因而从长远意义上讲，贪吃会使大脑过早地衰老。

孩子贪吃还可能会降低大脑的血流量流入，影响到其生长发育。这是因为，当孩子在进食后，要通过胃肠道的蠕动和分泌胃液来消化吸收，若一次进食过量或一刻不停地进食，消化道血管长时间处在工作状态，会把人体里的大量血液，包括大脑的血液调集到胃肠道来。而充足的血供应是发育前提，如果经常处于缺血状态，其发育必然会受到影响。更严重的是，孩子贪吃还会使有害物质容易被肠吸收，进入血液循环，刺激大脑，使脑神经细胞慢性中毒，影响脑的正常发育，甚至影响孩子的智力发展。

所以，父母要在保证孩子充足营养的前提下，不让他们贪吃，特别是不让他们吃过量的高精营养品。只要让孩子从小养成良好的饮食习惯，才能有健康的身体，才能为大脑发育创造好的条件。

【给爸妈的话】

孩子贪吃不仅会让孩子肥胖，还存在着心理方面和大脑发展方面的很多危害，所以，父母必须控制他们这个习惯，应当让他吃饭时吃饱吃好，这样就可以尽力避免他的贪吃。

一般来说，可以从以下这些入手：

(1) 掌握儿童多食行为的原因

如果在某一段时间内，父母发现儿童饭量突然增大或零食需求量增加时，就应了解孩子是否遇到挫折，是否自己对其关心少了，找到原因之后再针对其原因加以开导，这样才能改掉孩子贪吃的毛病，并且保证孩子的心理健康。

(2) 控制饮食，给孩子定餐定量

想要孩子不贪嘴，首先父母就应当为控制孩子的饮食，给孩子每天的饮食定餐定量。父母可以给孩子制定一个明确的定时定餐定量表，并认真执行，尤其要严格控制孩子吃零食。

同时，还要关注孩子的消化问题，可以督促孩子同时多进行体育运动和户外游戏，避免因为吃得太多太饱而消化不良。

(3) 满足孩子情感方面的需要

很多孩子贪吃，是因为情感方面缺乏依靠和慰藉，比如父母很少关心孩子，家庭成员逐渐关系紧张等等。

想让孩子不贪吃，就要让他感受到家庭的温暖，多和儿童进行情感交流，丰富儿童的精神生活，以避免儿童产生用食物来代替其他需求的心理。

(4) 不要强迫孩子多吃

父母对食物的作用要有正确的认识，疼爱孩子不一定非要孩子多吃。有的时候，父母担心孩子吃不饱，所以经常强迫孩子吃东西，明明孩子说已经饱了，可父母还是要求多吃一点，这样就会造成孩子贪吃。

同时，对孩子的关爱可以体现在很多方面，比如陪伴，或是买一些书或玩具，这些方式也许比强迫孩子多吃更有意义。

(5) 征求医生的意见

如果孩子的贪食症已经到了非常严重的地步，父母无法自己进行改变，这个时候，父母就应带着孩子尽早就医。

一般来说，只要经过系统的药物和心理治疗，多数孩子都可以好转直至痊愈。在医生的指导下，药物治疗可采用抗抑郁剂；心理治疗可采用生物反馈、阳性强化、系统脱敏、认知等方法。

第 6 章　与孩子的坏习惯过过招

——儿时的每一种习惯，都可能决定将来的命运

所有顽固坏习惯背后，都隐藏着父母不知道的心理动机。处于成长过程中的孩子，总是因为某些心理因素表现出一些在大人看来不恰当的行为。如果父母不加以重视，听任这些行为反复，就会习惯成自然，它们必将成为孩子成长的羁绊，所谓“千里之堤毁于蚁穴”。因此提醒爸爸妈妈们不要忽视这些小小坏习惯背后的真正原因。

1.孩子爱拖延，结症在哪里？

现实生活中，许多父母都有着同样的苦恼：孩子动作太慢，做起事情磨磨蹭蹭，慢条斯理，消耗不必要的时间，降低做事的效率，尤其是穿衣服和吃饭等生活自理方面，显得极为磨蹭。于

是，很多爸爸妈妈难以忍受孩子磨磨蹭蹭的习惯，他们会不自觉地向亲戚朋友们抱怨：“孩子做什么事情都不紧不慢的，早上上学我这里着急得很，他却拖拖拉拉，我简直受不了了。”

玲玲的妈妈非常为孩子担忧，因为她没有什么时间观念，做什么事情能拖就拖。早上起床慢慢腾腾，光洗脸刷牙就要十几分钟。平时放学回家，第一件事情就是打开电视，一看就停不下来了，妈妈让写作业也不见她行动。好不容易写作业了，又一会儿扣扣这里，一会儿摸摸那里，一边玩一边写作业，每次都要一个多小时才能写完。要说幼儿园大班的小朋友能有多少作业啊，可她就是爱拖延，时常 8 点多才能完成作业。

到了周末，玲玲最喜欢的就是睡懒觉，有时和小朋友约好去外面玩耍，到了约定的时间她还是不着急。对于女儿这些浪费时间的行为，李女士很是苦恼。

其实，父母们对此也不必太过着急，拖拉只是孩子的一个习惯，并不是他的个性特征，也不是性格缺陷，更不是脑子的问题。

当孩子的年龄还比较小时，他们并没有那么多的事情，因此并不会像大人那样整天忙忙碌碌。由于没有时间观念，所以他们不会把时间放在心上，所以才出现了拖拖拉拉的情况，让大人恼火不已。

事实上，对于婴幼儿时期的孩子来说，他们的生活节奏是相当缓慢的。他们需要不停地学习和吸收身边的一点一滴——这世界对他们来说太丰富也太神奇了，一切都那么新鲜，需要慢慢地观察并一点点地接纳。这个过程必然是安静、从容和慢速度的。

同时，父母还会发现，一方面，这些小家伙对于吸引他的东西能以无限的兴趣和耐心去把玩、去探究、去琢磨。就好比当他对你的口红很好奇时，他会把它转出来、转回去，转出来、又转回去，乐此不疲。而另一方面，对于那些他们一点也没有兴趣的东西或活动，就会毫不容忍，因此他就表现出慢吞吞的特点。

尽管孩子们看起来跟不上或无视大人的节奏和计划，但他们其实是很敏感于周围事物运动的速率的。他们自己的内置时钟也很容易被忙碌的父母所打乱。如果孩子在日常生活中总是被迫地去遵循或配合大人们的时间表，而显得对自己的环境无所控制时，他们的自信心、自尊心就容易受到伤害。同时，他们会不自觉地付诸一些自卫的行为，他们会把憋屎憋尿及不按时吃睡作为与父母争取控制权的一种方式。

另外，家长的行为也可能是影响孩子拖拉的重要原因。如果家长平时做事磨蹭拖沓，喜欢边吃饭边看电视或报纸，也会潜移默化地影响孩子的行为，导致孩子养成做事注意力不集中，拖拖拉拉的不良习惯。

所以，对待孩子的拖延行为，父母必须要有正确的认识。只有采取适合孩子的方法，才能提高他们的做事效率。

【给爸妈的话】

孩子爱拖延，最重要的原因是没有时间观念，再加上孩子本身年纪小，行动本来就缓慢，所以家长不应该太过于着急，而是应该采取适当的方式，提高孩子的对时间的认识，让孩子克服拖延的习惯。

(1) 培养孩子的时间观念

因为孩子没有时间观念，所以时常会由着自己的性格做事，根本不在乎时间的快慢，不在乎是否迟到。所以，父母应该早早就帮助孩子树立很好的时间观念。

比如规定孩子必须 5 分钟以内自己穿上衣服，父母可以在一边看着表数时间。如果孩子完成了任务，父母应该给予孩子适当的奖励，让孩子逐渐养成守时的习惯。

(2) 给孩子安排合理的时间表

父母可以根据孩子的实际情况，安排合理的时间表，比如起床时间、早饭时间、上下学时间、午睡时间、做作业时间、上床睡觉时间等。要记住，父母一定要监督孩子按照时间表来生活，并坚决地执行下去。一旦孩子坚持了一个星期或是一个月的时间，父母就应该给予鼓励和奖励，以便增加他的动力。

(3) 让孩子与自己比赛

要想让孩子明白时间的重要性，父母就可以让孩子和自己比赛，让他看到自己的进步。父母可以帮孩子设计一张“比赛”成绩表，记下最初的时间，然后，每天记录实际完成的时间，如果比以前有进步，就给予奖励，如果没有进步，保持原状，或者退步，就不给予奖励。

当然，父母可以让孩子先从简单容易的做起，比如是穿衣、洗脸、吃饭等等。然后再选择比较难的事情，比如写作业等等。

(4) 记数法来督促孩子抓紧时间

对于比较小的孩子，没有时间观念，那么记数法不失为很好的办法，父母可以利用这个办法让孩子抓紧时间。比如可以让孩子在10个数内穿好衣服，但是，开始之前，父母要让孩子明白，数到第几声的时候孩子必须做完某件事情。

如果在计数开始的时候，孩子动作依然很慢，父母就可以故意数快一点，让孩子感觉到时间就快要到了；如果在快要结尾的时候，孩子还差得较远，就放慢记数的速度，让孩子有尽快完成的希望。

（5）对于浪费时间的行为要惩罚

有些孩子觉得时间有得是，浪费一点也没关系，所以并不会把时间放在心上。这时父母不妨对他进行适当的惩罚。比如说孩子吃饭拖延，父母就可以这样说："你吃饭拖拖拉拉，今天就不能看动画片了。""你今天上学迟到了，这周就不能出去做游戏了。"这样，就让孩子接受教训，认识到不抓紧时间的后果。

（6）通过游戏来加强孩子的时间观念

因为孩子都喜欢游戏，所以，父母可以从这个角度入手，改变孩子慢吞吞的坏习惯。父母可以经常与孩子玩一些小的竞技游戏，使孩子在游戏中提高自己动作的敏捷程度，使孩子明白抓紧时间的重要性。

比如，父母可以与孩子比赛看谁吃饭快，比赛看谁穿衣服快等，这些游戏能激发孩子的进取心。但是，玩多了孩子可能就会觉得没趣，所以，在某些时候，父母要给予适当的奖励来鼓励孩子的“胜利”。

(7) 父母要以身作则

对孩子来说，父母就是他们学习及模仿的范本。所以，父母如果作息混乱，平时做事情拖拖拉拉，那么孩子自然会效仿父母。要想让孩子有规律的作息，有严格的时间观念，那么父母应该严格要求自己，给孩子做好榜样。

2.孩子做错事，为什么不认错?

大多数孩子都天生好动，喜欢探索身边的各种事物，常常把家中的东西当作玩具，所以也会时常闯祸、做错事，但是当父母要求他们认错的时候，他们却怎么也不可认错，也惹得家长非常生气。父母就不免抱怨：“孩子怎么倔强，说什么也不认错。”

其实，年幼的孩子做错了事，通常是不知道自己做错的。比如，三四岁的孩子，常有把衣服纽扣扣错，将袜底穿到脚面上，把两只鞋子穿反等现象；再大一点的孩子，特别是男孩子，顽皮、好打闹，有时会把衣服弄破，或是为了探个究竟，把新买的玩具拆得乱七八糟……

这些，都是由于孩子生理和心理特点造成的，他全然不知错。

浩浩玩溜溜球的时候，不小心撞翻了妈妈的化妆瓶，这已经不是第一次了。妈妈在厨房听到了声音，着急地问浩浩是不是砸碎东西了，可浩浩却大声说没有。

等妈妈忙完厨房里的事，一走到房间里就看见了地上打碎的化妆瓶。这时候，浩浩不仅没有任何羞愧感，反而还像个没事儿人一样在旁边玩着溜溜球。妈妈立刻就问他："浩浩，是不是你打碎了我的化妆瓶?""不是的。"妈妈连着问了好几遍，浩浩都不承认是自己的错误。

妈妈耐心地说："你不要怕，我不打你。最后再问你一遍，是不是你打碎的?"可是，浩浩还是摇着头，否认到底。这时候，妈妈真的生气了，拿过他的溜溜球，抓着他的手，严厉地说："如果你不承认，今天就不要玩溜溜球了，也不允许玩其他游戏!"

浩浩还是不说话，僵持了一阵子，妈妈也没有办法了，只能说："以后要小心一点，要是再打破东西，就不让你玩了！知道了吗?"这时候，浩浩低着头，委屈地说了："知道了!"

其实，孩子做错事情是非常常见的，而对于那些不愿意认错的孩子，其原因也有很多，这和孩子的年龄成长有很多关系。

一般来说，1 岁之前的孩子根本没有是非观念，不知道什么事情是错误的，什么事情会引起父母生气。比如，这时期的孩子喜欢把不该放的东西塞到嘴巴里，但是这样的行为并非故意的。当妈妈生气的时候，他们反而听不懂妈妈说话，也不知道爸爸妈妈生气是因为自己做错了事。

比如，孩子把爸爸的设计图纸当作自己的图画纸，画得一团糟，爸爸就会告诉孩子不能在设计图纸上画画。可是孩子并不理解设计图纸和图画纸的差别，自然就不会明白在设计图纸上画画是不对的。

而两三岁左右的孩子，容易为了抢东西而打人，但他们攻击的原因在于抢夺东西的途中遭受阻碍，两个孩子也经常会因为这个原因打架。但当孩子因打架遭到父母斥责并要求认错的时候，常常会表现出不愿意认错，反而觉得自己很委屈。

这是因为，这个时期的孩子时常认为并不全是他们的错。由于大人并没有看见孩子的行为过程，所以孩子犯错的原因有时并不像大人所想的那样。

比如说，两个孩子打起来了，父母看见的话会立刻制止。可能父母会要求自己的孩子向别的孩子道歉。可是，有时先动手打人的正是对方那个孩子。那么，要孩子先认错，他就会很不服气，不肯认错；即使孩子知道打架是错的，也会理所当然地认为先动手的人先道歉才对。

随着孩子年纪的增加，犯错的概率会大大增加。因为，孩子越来越喜欢探索周围的事物，但是他们并不理解自己的行为为什么是错误的。比如浩浩打碎了妈妈的化妆瓶，却没事人似的还在一边玩耍。因为父母平时没有和孩子说清楚，什么可以玩什么不可以玩，或者父母没有把那些孩子不该玩的东西放在孩子看不见或碰不到的地方。孩子认为这些东西都是安全的，他们不清楚如果弄坏或者藏起来的后果。当父母让他们认错的时候，他们才会死也不认错。

所以，父母平时应该直接告诉孩子，什么事情是正确的，什么事情是错误的，什么东西应该碰，什么东西不应该碰。

【给爸妈的话】

孩子不认错，首先，父母要从自己的身上找错误，然后再对孩子进行批评和教育，这样才能避免他不会出现强烈的逆反心理：

(1) 弄明白孩子拒绝认错的原因

孩子做错了事拒绝认错的原因有很多，父母只要找到了原因才能让孩子改正这样的行为。比如有的孩子个性强，倔强、自以为是，做错了事不愿承认，怕认错后丢面子；有的孩子害怕父母打骂自己，比如孩子一旦犯错，就不分青红皂白大骂一顿，所以孩子因为担心挨骂而不愿意认错；还有的孩子从来没有认错的习惯，这与家长的教育有关系，如孩子摔倒了，家长不教育孩子走路要当心，反而埋怨地不好。

所以，父母应该找到孩子不愿意认错的原因才是关键，不要急于追究错误的大小，而应把重点放在如何帮助承认错误上，这样才能让孩子敢于认错，并做到有错就改。

(2) 鼓励孩子说实话，让孩子知道哪里做错了

父母想要孩子敢于认错，就应该多鼓励孩子说实话，并且让他知道自己究竟是哪里做错了。等到孩子认错之后，父母要肯定他的进步，可以以亲切的态度告诉孩子："做错了事没关系，只要勇敢地承认错误并愿意改正，就是好孩子。"

但是父母不要纵容孩子做错事，而是应该分析其产生的不良后果，教孩子应该怎样做，让他从中接受教训。这样一来，孩子

才能真正地认识自己的错误，并且积极地改正，避免之后再犯同样的错误。

(3) 孩子犯错是正常的，父母不要过多责备孩子

孩子犯错是正常的，家长不应该过多地责备孩子，更不要说那些伤害孩子自尊心的话。比如：“你真笨”“你真是没用”等等。

父母应该以积极、温和的态度，给予孩子具体的指导，不断丰富孩子的生活经验，激发他积极主动进取的愿望，让孩子在摸索中和错误中不断成长。

(4) 改变不良的教育方法，切忌打骂

虽然孩子的年龄不大，但他已经出现了独立的愿望，自尊心开始增强。所以，如果孩子做了错事，家长采取打骂孩子的做法，那么就会严重地伤害孩子的自尊心，让他更不愿意认错。

另外，如果父母一味地采用简单、粗暴的教育方法，不是呵斥就是打骂，那么孩子犯错的时候就会感到无所适从。一旦做错了事情，就会为了逃避父母的惩罚，只好用说谎来掩饰自己的过错。

所以，家长要改掉简单粗暴的教育方法，保持冷静的态度，

宽容和原谅孩子的错误，并且帮助孩子改正错误。

3.怎么办？孩子常把脏话挂在嘴上

很多孩子很小就爱说脏话，不管是对小朋友还是父母，一旦遇到了问题，脏话随口就来了。这让父母们感到很吃惊，为什么孩子会说脏话，这些脏话都是从哪里学来的？

2 岁的小米摇摇晃晃地在地板上追着满地蹦跳的电动小狗，电话铃响了，妈妈急忙去接电话，谁知不小心踩翻了小狗。小米立刻就急了，拼命地去打妈妈的腿。妈妈赶紧将小狗扶起来，还说着："宝贝，对不起！"可令妈妈惊讶的是，小米嘴里却突然蹦出了两个字："傻 X"。妈妈愣了，顾不得接电话，问小米："你说什么？"小家伙清晰地重述："妈妈傻 X。"

妈妈生气了，板起脸要教训小家伙："你这么小的年纪，怎么能说脏话呢！以后不许再说了，知道吗？"

可是没过一会儿，小米在玩积木的时候，怎么弄也弄不好，结果又气急败坏地说了"傻 X"这两个字。妈妈一听非常生气，严厉地教训他，可小米却越来越来劲儿，反而一直重复那两个脏字，妈妈叫他住口也根本不听，妈妈忍无可忍，一巴掌朝着小米挥了下去。

孩子说脏话，其实很大程度是受到了父母平时言行的影响。所以父母应该对他学会说话的过程有所了解，知道其说脏话的原因，这样才能尽快让其改掉这个毛病。

一般来说，2 岁的孩子正在牙牙学语阶段，通常只会说简单的字词，他们学习语言的主要方式是模仿和重复大人的说话。很多时候，孩子自己根本不明白这些话的含义，只是通过外界的反应来猜测自己说的话对不对。如果，大人的反应是正面的，他们就会受到鼓励，之后继续在类似的情形中使用这个词语。反之则不然。

也就是说，如果孩子第一次说脏字，只是下意识地模仿家人或者邻居嘴里听来的词。如果父母当时觉得好笑、或是好玩的时候，孩子就会得到鼓励，而再次重复这个词。因此，孩子可能会认为说脏话是引起大人注意或赞赏的一个原因，所以对于不辨好坏的孩子更乐意重复脏话以获得大人注意和赞赏。

另一方面，2 岁的孩子已经具有自主意识，他们会尝试用各种方式冲破约束表达个性，语言也是他表达的一种方式，当他尝试说出一个新词时，父母如果立刻制止，会激起她的反抗心理，用故意重复来宣示她的说话权力。

当孩子到了三四岁时，他的语言发育进入了第二个阶段。这个阶段他们能讲较为复杂的句子。在思维上，他能从具体、个别的事物进而理解事物的关系，抽象思维开始萌芽，能评价事情的好坏对错；在认识活动上，他正从无意注意、无意记忆和无意想象向有意的方向发展。

同时，这个年龄的孩子大多在上幼儿园，接触到的人和事更加丰富，语言环境自然也更加复杂。所以很多时候，他们会无意间从其他小朋友或是大人那里学会脏话，然后在无意间说出来。这个时候，一旦父母没有及时地制止和教育，那么这些脏话可能在孩子的意识里生根，从而养成了说脏话的坏习惯。

【给爸妈的话】

一开始孩子说脏话时，他们可能只知道不知道什么意思，要过很长一段时间以后，他们才会明白这些话的真正含义。而孩子说脏话很多时间都是家长的教育不当引起的，所以父母应该改善自己的言行，给孩子正确的引导和教育。

那么，父母和家长对此应该怎么办呢？

(1) 告诉孩子说脏话是错误的

当孩子说脏话时，父母应当坚决地告诉孩子："这是非常不好的行为。爸爸妈妈不希望你那样说话。""这样的话会引起别人的反感，不仅会给自己惹麻烦，还可能失去朋友。"当孩子知道问题的严重性，孩子就会改掉这个不好的习惯。

(2) 父母要反省自己，不要在孩子面前说脏话

要想孩子不说脏话，父母首先要反省自己，看看自己是否在孩子面前说脏话，或是否有粗野行为。这才是纠正孩子不良行为的关键，只有父母讲礼貌、有爱心、有良好的教养，孩子才能在耳濡目染之下，养成良好的习惯。

(3) 给孩子营造良好的家庭环境

父母还要创造良好的家庭环境，在充满友爱、民主、和谐的家庭气氛中，孩子会学会关爱他人、尊重他人。要耐心地从积极的方面培养孩子与小朋友友好相处，让孩子学会忍让，学会克制自己，学会用更好的方式解决问题，讲文明礼貌，不伤害他人，让孩子懂得对与错。

(4) 采取适当的态度，不要不分青红皂白地训斥

当发现孩子说脏话，父母应采取恰当的态度和措施，不要不

分青红皂白地训斥。对偶尔说脏话的孩子，父母应以文明的语言把孩子所要表达的思想、感情重复说一遍，形成正确的示范。

如果孩子已经养成了说脏话的不良习惯，父母要严肃地告诉孩子："这是不文明的行为！"同时给孩子讲一些文明礼貌、有教养的小故事，这样，说脏话的习惯就会逐渐改善。

4.家有依赖宝，爸妈如何是好?

现在很多家长过分溺爱孩子，以至于孩子已经四五岁了，还衣来伸手饭来张口，什么事情都要父母一手包办。如果离开了父母，就什么事情也不会做，什么事情也做不好。

佳佳是一个依赖性很强的孩子，从小就衣来伸手饭来张口，父母对她疼爱有加，从来不让佳佳做任何家务，以至于佳佳的自理能力太差。

一次，妈妈给佳佳带了一个熟鸡蛋去幼儿园，可是由于不会剥鸡蛋，鸡蛋没吃成，又带回家去了。更让父母不知所措的是，佳佳已经 4 岁了，可是穿衣服脱衣服这种简单的事情都不会做，每次都是让父母来帮忙，在幼儿园里，经常遭到其他小朋友的嘲笑。

佳佳这样的现象，在目前独生子女家庭中是非常普遍的。尽管现在的孩子大多天资聪明，但却是生活和情感上的低能儿，原因是依赖性太强。具体表现为：不敢自己独自在家，非要有人陪伴才行；遇到困难不想自己解决，依赖父母的帮忙；一些简单的事情都做不好，比如穿衣服、吃饭等等，总习惯于“衣来伸手，饭来张口”。

事实上，孩子的依赖包括了两方面的内容：一是行为上的依赖，就是说孩子一旦遇到了一些事情和问题，或是困难，不是想着依靠自己的能力去解决，而是完全依赖爸爸妈妈或是身边的人。即使孩子面临的事情非常小，举手之劳就可完成，或者是完全可以自己解决的事情，他也表现出过分的依赖。这是因为父母的过分宠爱造成的，因为父母什么事情都包办，让孩子形成了向其他人求助的思维惯性。

再者就是情感上的依赖。在生活中，孩子更多的表现是情感上的依赖。通常，孩子特别渴望别人对自己表示友好的情感，如果人家对自己非常友善，心情就会愉快，反之，就沮丧到极点。这种情绪不稳定、需靠别人对自己的情绪来决定心情的不正常心理，就是情感上的依赖。

与行为依赖来说，情感上的依赖对孩子成长和心理影响更大，一旦孩子对父母形成了严重的情感依赖，并且没有得到及时正确引导，那么就会让孩子缺乏独立自主性，缺乏自信和勇气，更缺乏大胆与人交往的信心。所以，从孩子的身心发展来看，是后患无穷的，需要父母尽早帮助孩子改变。

【给爸妈的话】

孩子依赖性的毛病，表面上看好像出在孩子身上，但病根却在家长身上。所以，要想改变孩子的这种心理，父母必须帮助孩子变得独立起来，同时还要从自身入手，改正不良的教育方式。

(1) 让孩子感到自豪

为了让孩子摆脱严重的依赖症，父母首先要使孩子对自己感到自豪，让孩子对自己有一个积极正面的认识。这样孩子才能越来越有自信心，越来越独立自主。

(2) 让孩子经常自我反省

年幼的孩子，做事情时必然会出现失误，所以，孩子们非常需要通过失误来进行自我反省、自我觉悟的机会。

但是，现在不少父母都会对孩子过分加以保护，常常在事先就把一切都为孩子们做好了，这就等于剥夺了孩子们自我反省、自我觉悟的机会。情况严重的时候，还会妨碍孩子们自律性的形成。

因此，父母应该放手让孩子独立去做一些他们想做的事情。在这一过程中，孩子们需要独立做出计划，并把它们付诸实际行动，同时还会犯各种各样的错误。通过这一过程，孩子们就会学会如何不再犯类似的错误，并逐渐变得明智起来。

(3) 不要为孩子大包大揽

孩子依赖性太强的原因有很多，溺爱就是最主要的原因之一。父母什么都为孩子做，孩子衣来伸手饭来张口，怎么会不形成依赖的心理?

(4) 不要在孩子面前太强势

除了溺爱，孩子依赖性强还有一个重要原因，那就是父母太强势。如果父母什么都给孩子包办了，什么都替他想到了，他还动什么脑筋，他还能做什么？所以，父母越是强势，孩子就会越有依赖性，越没有自信，因为在父母面前他们会感到无形的压力，从不敢去做什么到不想去做什么。

所以，父母不能太强势，不能事事替孩子包办，给孩子自己做事的机会，或是有时假装弱一点、笨一点，让孩子来帮助自己，反而会激发孩子的潜能。

(5) 不要对孩子过分批评

为了培养孩子们的自立能力，有的时候，父母会有意识地让他们自己解决生活中的所有事情。可孩子一旦出现了问题，父母就会严厉地批评，就会想追究孩子的责任。这样一来，在孩子还过于幼小或者还不具备自信心的情况下，就因为被父母的责骂而逐渐失去信心，最后变得依赖心理更强了。

所以，父母应该多给孩子鼓励和支持，即便孩子做的事情达不到要求，也应该适当地给孩子们提供一些帮助，而不是打击孩子的信心。

5.孩子晚睡早上不起，原因在哪里？

很多家长时常熬夜，晚上十二点多也不睡觉，而第二天早上则闹钟也叫不起，导致整天都没精神。而现在很多孩子也是如此，白天精力非常充沛，晚上也不爱睡觉，总是很晚才入睡，让父母感到苦不堪言。

齐齐是一个活泼可爱的孩子，可是父母最近为他睡觉的事情没少发愁。

一开始，爸爸觉得在晚上工作，还可以顺便陪陪孩子，这样挺好，可是时间一长，发现这孩子睡得竟然比爸爸还晚，爸爸妈妈都已经睡眼惺忪了，他还很有精神地在玩游戏。到了早晨，妈妈叫齐齐起床，准备送他上幼儿园的时候，齐齐却怎么也不肯起床。

爸爸妈妈担心，这样没有规律的睡眠会不会影响了他的生长发育。

孩子不爱睡觉，主要是由于他的大脑皮层发育不全，神经系统容易兴奋，抑制能力差，每天一醒来就一直处在不停的活动中，自己很难将活动停下来休息一会儿。

但是到了晚上，孩子还是很晚了都不肯睡觉，那很大因素就是由于心理方面导致的了。

在孩子年幼时，他们对外界事物无比好奇，有强烈的探究欲望，外界的一切事物都会吸引孩子的注意力。比如说，动画片、故事书，一天都没摸到的心爱玩具，这些都会吸引孩子的注意力，让孩子即便是有困意，也不想上床去睡觉。

到了上幼儿园的年龄，孩子开始学习知识，开始接触有规律的生活，开始受到了老师们的管教。而他们已经习惯了在家里自由自在的生活，在幼儿园就会感到身心特别受拘束。所以回到家之后，他就特别需要放松一下，从而感到格外的兴奋，因此不容易入睡。再说，一想到明天还要出门，不能自由地享受这种幸福和快乐，他就不愿意睡，想睁着眼，想让这种幸福的时光停留在晚上，不想到早上。

与此同时，孩子上了一天幼儿园，与自己最亲近的父母一天没见，所以，他特别想在爸爸妈妈跟前多待一会儿，因此便不愿睡觉。如果没有睡好，或者睡前没有很好地被对待，孩子早上自然就无精打采，心情不好，因此就会赖着不起不出门。

所以，孩子偶尔晚睡晚起也不是非正常的现象，父母们不要太过于担心。但是如果孩子长期如此，那么就需要重视了。因为，孩子的睡眠状况不仅会影响孩子白天的注意力、情绪、学习效率，还会直接影响身高体重的普涨。促进幼儿生长发育的生长激素在夜间睡眠状态下分泌最盛。每当夜幕降临、孩子安睡之后，大脑的下丘脑会分泌生长激素，促使幼儿长高、长大。

同时，孩子的夜晚睡眠时间不足，即便是白天睡眠时间长，整体睡眠时间够了，也同样会影响到生长激素的分泌，使孩子长得缓慢。所以，父母一定要让孩子养成早睡早起的好习惯，这样才有利于身心健康。

【给爸妈的话】

想要让孩子养成早睡早起的好习惯，父母就要找到解决问题的绝招。最重要的是，要保障晚上睡觉的时间。

父母要明白，孩子睡觉前的环境、睡觉前的秩序，时间规律与否，灯光、声音和活动程度都是影响他上床睡觉的重要条件。所以，父母可以从以下方面入手：

(1) 父母要以身作则，不要熬夜

要想孩子早睡早起，父母首先既要以身作则，不要熬夜，也不要在陪孩子睡觉的时候看手机。这样一来，孩子会效仿家长，直到很晚了还不肯上床，或是上床之后不肯入睡。

同时，父母要给孩子营造良好的环境，孩子上床时要把电视声音调小，不要大声说话，并且尽量关掉所有大灯，只留一盏微弱的灯照明用作睡前整理。

(2) 保持冷静，不要采取恶劣的态度

父母想要孩子早睡早起，就要提醒他到了睡觉的时间。家长可以在洗漱睡觉来临之前半小时亲切提醒孩子 3 至 5 次，并取得孩子的口头许诺，即到时洗漱睡觉。

如果在这个时候，孩子总是磨蹭或找借口，那么，父母可以严肃一些，给予孩子警告和批评，或是将孩子手里玩的东西或吸引孩子注意力的东西取走。但是父母应该保持冷静的态度，千万不要暴跳如雷，更不要打骂孩子。不管孩子是要赖还是对抗，父母都应该避免恶劣的态度，否则孩子会因没有得到尊重而不配合。

（3）睡前不要让孩子玩过度兴奋的游戏

在白天父母可以多鼓励让孩子参加运动量较大的活动，这样孩子疲劳了，到了晚上自然就容易入睡了。

但是睡前千万不要让孩子玩过度兴奋的游戏，因为孩子大脑一旦过于兴奋，就很难在短时间内平静下来。所以，父母与孩子的睡前活动一定要适度，可以讲个小故事，或是唱个童遥，切忌大蹦大跳。

（4）帮助孩子建立睡眠条件反射

父母可以在睡前给孩子安排一些事情，帮助孩子建立睡眠条件反射。比如，每天睡前让孩子先喝奶，牛奶有助睡眠；刷牙，洗澡或洗脸洗脚；上厕所；脱衣服、上床，盖好被子；拉上窗帘，将室内的灯光调暗；或是和孩子道声“晚安”，关灯，等孩子熟睡后再离去。

父母每天都按照规律要求孩子做事，那么就让孩子形成睡眠反射，养成按时睡觉的习惯。

(5) 严格规定上床睡觉的时间

当孩子该洗漱睡觉时，父母必须要提醒他必须严格执行时间规定，不要随意改变睡觉时间，不能随便妥协。一旦父母因为孩子撒娇或是哭闹而妥协了，那么孩子就会养成磨蹭的习惯，就会得寸进尺。而如果父母坚持自己的原则，不管孩子是哭、是闹，还是找借口，家长都要坚持按时间睡觉，孩子反而会守规矩了。

6.孩子嘴刁挑食，根源在爸妈身上

孩子偏食挑食，这几乎是所有家庭都存在的问题。一般来说，孩子最偏食的年龄段是在一岁左右到三四岁。有的孩子会拒绝吃一些固体食物，每天只会喝一点牛奶；有的孩子只接受母乳，有的孩子在长到 10 岁左右的时候，依然非常偏食。这让家长们非常头疼。

小羽是一个聪明伶俐又能干的孩子，非常能说会道，那小嘴巴特别甜，所以小区里面的叔叔阿姨、爷爷奶奶都非常喜欢他。

对小羽，妈妈也觉得什么都很好，可就有一点让妈妈觉得非常头疼：小羽喜欢偏食，总是这不吃那不吃的，光吃一些白米饭。

“妈妈，把萝卜拿一边，我不要吃！”

“妈妈，为什么不做排骨呢？鸡肉好难吃！”

听到孩子这样说，妈妈自然很不高兴。她说道：“小羽，挑食不是好习惯！总是挑食，你怎么可能长高长壮呢？”

可是，听完妈妈这样说，小羽不仅没有点头，反而大哭起来，并且说道：“妈妈坏，妈妈坏，妈妈不让我吃好吃的……”

孩子的偏食问题，让很多家长们感到了苦恼：“为什么孩子总是要挑三拣四的呢？”

当孩子还小的时候，他们的胃本来就不大，三到四小时就会将胃内食物排空，到了吃饭的时间自然就会感到饥饿，吃饭也会很香。但是如果孩子吃饭不定时，并且闲暇之时就是吃些点心饼干、各种饮料、那么他的胃内总有食物，吃饭时间孩子就没了食欲，自然就挑三拣四了。同时，由于孩子的年龄不大，自制力比较弱，所以就只吃自己喜欢吃的，而对味道比较特殊的蔬菜选择拒绝。如果父母不加约束，就会让孩子养成挑食的习惯。

此外，孩子挑食，很大的原因就是受到父母饮食习惯的影响。如果家中的大人挑食，或在孩子面前说某种食物不好，自然孩子也很容易形成同样的不良习惯。如果孩子这一餐某种食物多吃一点，那一餐某种食物多吃一点，家长也未给予正确引导，那么孩子也会养成挑食的习惯。

因此，正是由于父母不当的教育态度，忽视了对孩子正常饮食习惯的培养，所以才助长了孩子挑食的坏习惯。在很多父母的眼里，孩子的饮食习惯好坏并不重要，在其长大后一定可以慢慢修正。

但事实上，在孩子0到1岁这段时间，他所养成的饮食习惯，会影响他童年期的饮食习惯，甚至会持续影响到成人后的饮食习惯，这点很明显地由现在肥胖儿童的饮食行为中可以得到印证。这些挑食的孩子，多半不爱吃蔬菜，且偏好高油脂高糖类的油炸食物或饮料。加上父母有着“白白胖胖”的小孩才健康、才强壮的错误观念，肥胖就自然伴他终身。

【给爸妈的话】

由于每个孩子的性格、家庭环境都不尽相同，所以，他的饮食习惯和喜好口味也就各不相同。但如果孩子的偏食严重，这就会影响到他的的身体健康，父母就要万分小心了。

那么，孩子总是喜欢偏食应该怎么办呢？父母如何能让孩子改掉这个坏习惯呢？

(1) 不要给宝宝过多的选择

如果父母这样问孩子：“宝宝，今天想吃什么？”那么，他的回答肯定是他熟悉的食物。所以，这个时候，父母就可以换一种方式问孩子：“宝宝，今天晚上想吃南瓜粥还是玉米粥？”这时候，孩子就只能在这两种食物中进行选择了，就会减少孩子挑食的概率。

当然，父母也要考虑孩子的喜好，不要总是做孩子特别讨厌的食物，不要强迫孩子吃不喜欢的食物。

(2) 不要拿喜欢的事物做诱饵

如果父母总对孩子这么说：“吃完这些青笋，妈妈就给你拿饮料。”那么，这只能让宝宝产生对饮料的喜爱和对青笋的厌恶，并让他渐渐地学会讨价还价：“你给我饮料，我才吃这个。你不给我饮料，我就不吃。”

父母需要明白，用喜欢的食物做诱饵让孩子吃饭起不到任何效果，只有耐心地引导和等待，才能让孩子逐渐改正挑食。

(3) 用游戏来引导孩子

对于2岁左右的孩子来说，父母可以用游戏的方式来引导孩子吃一些平时不喜欢的食物。比如，专门挑选一些与饮食有关的儿歌，通过儿歌引导宝宝吃青菜，”小白兔，白又白，爱吃萝卜和青菜”“大苹果圆又圆”等等。

曾经有个妈妈为了让宝宝吃胡萝卜，就编了一个好长的故事告诉宝宝，胡萝卜来自火星，宝宝可是个天文爱好者，这样一来，立即喜欢上胡萝卜了。

(4) 变着花样给孩子做饭，增加孩子的食欲

想让孩子不挑食，妈妈就要练好厨艺“内功”，饭菜要常变花样，增加孩子的食欲。比如总是单调的炒、蒸、炖，即使是大人也会吃腻的，更何况孩子。比如孩子不爱吃胡萝卜、青菜，那么妈妈可以做一个小熊的包饭，用胡萝卜做嘴巴，用豆角做眼睛，用黄瓜做小熊手中的玩具。这样一来，孩子看着小爱的小熊，自然就会食欲大增，吃掉以前不喜欢的蔬菜了。

(5) 以身作则，给孩子做一个好榜样

家长要想帮助孩子改掉偏食的坏习惯，首先就应该以身作

则，给孩子做一个好榜样。对于自己不喜欢吃的食物，也要勉强多吃一点。就像很多人都不喜欢吃苦瓜，那么就可以和孩子说："苦瓜虽然不好吃，可是它对身体有很多好处，可以预防感冒，平时妈妈也不喜欢吃，可是为了身体好，我也会多吃一点的。"

在父母的感染下，孩子也会尝试着吃自己不喜欢的食物，什么食物都去吃一点。

(6) 及时表扬鼓励，循序渐进

孩子挑食的习惯不是立刻就能改掉的，父母应该慢慢地引导孩子，不能强求孩子一下子就吃好多。只要孩子这次有了进步，即便是只吃一口，父母也要及时给予表扬，这样孩子才能逐渐改善自己的生活饮食习惯。

7.爸妈很干净，为何孩子不讲卫生

父母都希望自己的孩子干净漂亮，这样才能招来别人的喜欢。可是有些孩子就是不爱卫生，不是把自己搞得脏兮兮的，就是不爱洗脸刷牙。

凡凡刚刚 5 岁，本来应该是非常可爱、非常乖巧的时候，可凡凡却是十足的"小脏孩"。平时不喜欢刷牙，不喜欢洗脸、洗澡。别看他刚刚 5 岁，牙齿已经变得黄黄的了，每次必须父母强迫才能把牙刷好。

就是因为凡凡不讲卫生，连凡凡身边最好的朋友都不喜欢跟他一起玩了，每次见到凡凡都说：“凡凡不爱干净，身上臭臭的，我才不要和他玩呢。”

虽然凡凡会感到伤心，但是对于刷牙洗脸还是不那么热衷，每次都要妈妈多次催促。妈妈也很担心，怕凡凡不讲卫生而失去很多好朋友。

一天晚饭过后，凡凡坐在小凳子上看动画片，妈妈说：“凡凡，快去刷牙，一会儿上床睡觉。”叫了很多次，凡凡就是不动，妈妈又去叫凡凡：“凡凡我已经跟你说过多少次了，睡前记得刷牙。”凡凡不耐烦地说：“妈妈，为什么每天都要刷牙啊？好烦啊。”

在这个事例中，妈妈说了这样的一句话：“我已经告诉你多少次……”其实，这句话只反映了一个事实：一个得逞的小孩正在与生气的爸爸妈妈玩“我需要你注意我”的游戏。

所以说，孩子并不是不明白妈妈的话。因为对于一个 5 岁的孩子来说，足以理解妈妈的话，并且知道自己应该注意卫生。但是，他们为什么还非要和爸爸妈妈做对呢?

其实，他们只是为了引起爸爸妈妈的注意。在他们内心中有一个错误的想法，那就是，只有像我现在的“脏猪”模样，才能引起爸妈的注意。其实，生活中很多像凡凡这样的孩子，他们知道父母不允许自己脏兮兮的，不允许自己不洗脸不刷牙，但是还是会故意如此，就是因为想要爸爸妈妈替自己洗脸、换衣服，而他得意地坐享其成。或许他们每次得逞的时候，都会在心中说：“妈妈又给我洗脸了，我又胜利了。”

孩子这么做的原因还可能是之前受到过心理伤害。有些孩子他们在洗头、刷牙或者进行其他清洁工作的时候被呛水或者洗发水进眼睛等等，这些都会给孩子造成心理伤害。当他们再次做这样的事情时，心里就有所恐惧，担心这给自己带来一些“危险”，所以他们敏感的心是不愿意去触碰一切不安全因素的，自然也就不愿意洗澡、刷牙了。

此外，随着孩子的年龄不断增长，这个时候，他的自我意识和独立性逐渐发展起来，可能已经了解自己身体的隐蔽部位，对他的隐私非常重要，所以他们不愿意让父母帮着换衣服，洗澡。

【给爸妈的话】

父母都明白，讲卫生的孩子才能有健康的身体，同时不仅让孩子拥有光洁的外表，还可以赢得他人喜爱。所以，父母对于不讲卫生的孩子总是感到无奈，希望他能够改掉这样的坏习惯，做一个干净漂亮的宝宝。

那么，父母如何改变孩子不讲卫生的坏习惯呢?

(1) 给孩子选择舒服、漂亮的用具

如果卫生用具不舒服，那么这就有可能导致孩子不愿意清洁。比如牙刷太硬，澡盆太滑。同时，用具的不舒适还会让孩子产生恐惧感，在之后的生活中抗拒刷牙洗脸。

所以，父母应该给孩子选择舒适的用具，比如软毛牙刷等。同时，父母还可以选择比较漂亮的牙刷、澡盆，或是带着卡通图案，或是鲜艳的颜色，这些都可以促进孩子喜欢上刷牙、洗澡。

(2) 给予孩子适当的奖惩

如果孩子之前不爱清洁工作，突然有一天他变得非常主动，这个时候，父母就要给予孩子一些口头或者物质上的表扬，使孩子更加热爱清洁卫生。

如果孩子无论如何都不愿意去清洁卫生，那么，父母就可以告诉他不讲卫生的坏处，适当地给他一点小惩罚，比如，饭前不洗手就告诉他不能吃饭等等。

(3) 让孩子改变心态，给孩子留下好的印象

孩子不想刷牙，可能是之前对刷牙没有好印象。所以，父母就可以采取一定的方法，让孩子的心态改变。比如选择水果口味的牙膏，或是漂亮的牙刷。比如在孩子洗澡的时候，给孩子讲一些动听的故事，和孩子一起玩水，让孩子愉快地度过洗澡时光，并留下好印象，那么孩子就会喜欢上洗澡。

(4) 不要太唠叨，也不要强迫孩子

有些父母发现孩子不爱刷牙洗澡，就会时常唠叨孩子："你怎么这么不爱洗澡?""太不讲卫生了!"或是强行把孩子拉到卫生间，强迫孩子清理自己的卫生。这样的行为是错误的，反而让孩子更讨厌和反感刷牙和洗澡。因为只要一刷牙洗澡，他就会想起父母的唠叨或是强迫行为。

8.孩子顺手牵羊，爸妈如何应对

在现代社会中，大部分的家庭条件都比较好，孩子想要什么东西大人都会满足，所以，父母就会有这样的想法：孩子偷东西

的事是不会发生的。但事实上，孩子偷拿别人东西的行为还是会时常出现，即使生活条件很好的家庭，也时常会出现这样的事情。

那么，孩子到底为什么会有这样的行为呢？难道他们对现在的生活还不满意么？我们先看下面的事例：

林林已经5岁了，平时很招人喜欢，周六周日的时候，妈妈也会带他到姨妈家玩。而姨妈开了一个小超市，也会给林林一些零食。有一天，姨妈发现林林趁人不注意的时候从店里拿巧克力，这让她大吃一惊。开始她以为，孩子小，不懂事，只是因为想吃零食而已。后来她发现林林又拿了铅笔、小刀和乒乓球，而且总是在环顾四周没人的情况下偷偷塞进口袋，等做完了这些，他还装得极为正经，好像没事人似的。

姨妈觉得林林这样的行为太不好了，如果不及时纠正肯定会毁了孩子。于是，姨妈趁店里只有她和林林两个人时，用很和善的眼光看着他。然后告诉他："我听说昨天有人从一个店里偷东西，被人发现之后让警察带走了。我小时候，也偷拿过别的小朋友的橡皮，我知道这是不对的。当时心里也很害怕，很长时间都觉得惭愧。之后我再也没有犯过这样的错误。"

林林听得面红耳赤，他对姨妈说："我今天也偷拿了超市的巧克力、铅笔、小刀，我也知道错了，以后再也不偷拿了。”姨妈说：“林林，真是好孩子，有错就改。”因为姨妈对孩子进行了正确的引导和说教，所以他之后再也没有犯错。

对于孩子的偷窃行为，父母必须要从他们的心理进行分析。一般来说，孩子偷拿别人的东西是由很多心理因素导致的。主要体现为以下几点：

(1) 强烈的占有欲

当孩子年龄还小时，总会有一种强烈的占有欲望，对于那些新奇且自己没有的东西，表现出强烈的好奇感，并且企图马上获得。在这种私欲的引领下，他便悄悄地将别人的东西据为己有。

但是，大多数孩子并不清楚偷盗这种行为的卑劣之处。由于这个阶段的孩子心理发展水平较低，往往认为“我喜欢就成为自己的了”“我喜欢的，我就要得到”。这个阶段的孩子，很少考虑拿回去的后果，也不懂得偷拿别人东西是错误的行为。

(2) 冒险心理在作祟

还有一些孩子，偷拿别人东西并非是占有欲，而是冒险心理在作祟。我们知道，孩子在几岁的时候，充满了探索欲和冒险精神，想要探求自己不了解的世界。林林总是在四周没人的情况下，把东西偷偷塞进口袋，事后还装得极为正经。其实这不是他觉得这种行为见不得人，而是觉得这种行为刺激和神秘。他在心里会说："我拿了别人的东西，只有自己知道，别人却不知道，太好玩了！"

(3) 发泄心中的不满，模仿他人行为

孩子偷拿别人的东西，也有可能是为了发泄心中的不满，疏散心中的紧张，还有可能是对别人行为的模仿等等。有一些幼儿对周围的环境十分敏感，为了使自己变得引人注目，博得其他人的眼球，就会运用一些欺骗手段和偷窃行为来达到目的。

以上三种情况，是孩子偷拿东西的主要原因。此外，还有一些孩子想要获得所谓的心理平衡与自尊心，但因家长管教太严，使他们不能通过正常渠道得到满足，就会通过其他途径即趁大人不注意的时候拿钱买东西在别的小朋友面前炫耀。

虽然孩子"顺手牵羊"的习惯并不是好事，但是，他们的心里对"偷"没有任何概念，更没有意识到偷窃行为的危害性和严重性，因此，父母不要因此就大惊小怪，认为自己的孩子是个小偷。只要能够合理地引导，这样的现象就会避免。

【给爸妈的话】

如果孩子有了“顺手牵羊”的毛病，父母一定不要纵容，必须趁早帮助他克服掉，而且越早越好。其实，很多孩子都有过偷那别人东西的经历，只要及时改正了，那么就不会逐渐发展成小偷小摸的恶劣行为。

那么，父母该如何才能助孩子克服这个习惯呢？

（1）让孩子明白这是错误的行为

想让孩子改变行为，父母就应该让他认识到拿别人东西是错误的行为，是可耻的事情。

父母可以对孩子这么说：“偷拿别人的东西是错误的，也是极为可耻的行为，它会让别人远离你，长大了也会走上犯罪的道路。所以，你一定要克服这个坏毛病。包括家里的东西，家里的钱，也不可以随便拿的。”

（2）培养孩子的自尊心和羞耻心

每个人都有自尊心和羞耻心，很多时候，孩子的羞耻心比大人还强烈。如果发现孩子偷拿了别人的东西，那么父母一定让他将偷来的东西当面还给人家，最好让他自己去，如果他不自己去，就带着他一起去，让他当面向人家道歉。这样，孩子就会感到羞耻，就不会再做类似的事情。

(3) 给予严重的警告，让他知道问题的严重性

如果父母发现孩子偷拿别人的东西，就可以对他进行言语警告，告诉他如果再发现他偷拿别人的东西，包括家里的钱，就告诉老师和同学。如果情况更严重，就送到派出所，请警察帮助管教。

当父母严重警告孩子，并且让他知道问题严重性的时候，孩子心中就会有敬畏感，就不敢轻举妄动。

(4) 引导孩子树立正确的金钱观

很多孩子没有金钱观，觉得自己喜欢的或是想要的东西就应该获得，即便是偷偷地拿。这时候，父母要帮助孩子树立正确的金钱观，告诉孩子："超市的东西是别人的，只有付钱才能拿走!""别人的东西是自己购买的，我们不能私自拿走。"

不仅如此，还要让孩子学会合理正确地使用钱，把它花在该花的地方。

(5) 问题严重时，要及时求教心理医生

如果孩子的小偷小摸屡教不改，那么，这就属于心理问题了。这个时候，父母就要带着孩子去看心理医生，否则等孩子长

大了，就会养成偷盗的行为。

要知道，孩子的心理问题是不容忽视的，看心理医生可以让家长更多地进入孩子的内心世界，去帮助他们解决困惑和迷茫。

9.孩子谎话连篇，并非品德问题

当宝宝成长到两三岁的时候，很多父母都会不经意地发现，孩子会说谎了。这时候，父母不要太着急，也没有必要认为孩子的品质变坏了。其实，父母应该明白，对于 2 至 3 岁的宝宝，说谎并非完全是品德问题，而是由心理年龄的因素造成的。

一天，颜颜妈妈去幼儿园接颜颜回家，颜颜班上的小朋友告诉颜颜的妈妈：颜颜说自己家里有好多只小乌龟，下了许多蛋；周末妈妈带自己去动物园了；爸爸在法国开了一家服装店，里面衣服特别贵。颜颜妈妈很奇怪孩子为什么要跟小朋友说这些从来没有的事情。

还有一次，从幼儿园回来的颜颜有点咳嗽，妈妈担心颜颜发烧就追问她是不是冷，颜颜摇头，妈妈又问她是不是因为吃了很多糖果而导致嗓子不舒服，颜颜瞪着眼睛对妈妈大声地说：“绝对没有。”第二天妈妈送颜颜去幼儿园时，老师告诉颜颜妈妈，颜颜的同班小朋友丽娜从家里带了很多巧克力，老师发现糖纸时两个小姑娘已经各自吃了十多块了。妈妈听了非常生气，当着老师面斥责颜颜："为什么说谎?"颜颜委屈地望着妈妈说："我怕妈妈打我。"

其实，这种孩子说谎的现象在生活中很常见。在2至3岁的这个年龄阶段，孩子对于事实和虚构的界线还分不清楚，又带着丰富的想象力，所以，头脑中经常产生出许多极其生动、逼真的想象。正因为此，他们生活在一个幻想的世界里，常常说一些不着边际的话。所以，当父母带孩子从公园回家的时候，他告诉父母，自己在公园里看见了独角兽。其实，这并不是孩子在有意欺骗你。换个角度想，这说明孩子的智力还在处于不断发育的阶段，还不能分清什么是真实的，什么是虚假的，同样不能把他的梦和真实生活区分开。

因此，孩子喜欢夸大其辞，有时会用虚构的言辞来抬高自己，虚荣心得到满足，或者用幻想的语句作为未能实现的愿望的补偿，作为克制和掩饰自己失望心理的手段。这种与想象、愿望有关的说谎，具有自我陶醉的特点，能使宝宝获得象征性、代偿性的满足。

这两种说谎，不是孩子刻意而为之，并不属于真实的谎言，也不属于是非善恶的范畴，它与孩子的心智发展水平相关，只要发现得早，教育与改正还是比较容易的。

同时，由于年龄的限制，孩子心智发展不成熟，认知水平和语言能力的局限，所以对于发生的事情表达不准确，或者对物品的归属概念模糊，认为自己喜欢的东西就是自己的，因此，他出于无意会造成许多说谎的假象。而这些现象对于几岁的孩子来说，都是正常的，并不是刻意地说谎，只要父母及时给予正确的引导就好了。

尽管孩子说谎是正常的，但是如果孩子的撒谎是有意的，那么父母就要格外注意：

(1) 想要逃避父母的惩罚，因而有意说谎

孩子由于年龄小，不可避免地会做错事。这个时候，由于他害怕遭受体罚，害怕失去爱抚，为了消除这种恐惧的心态，会出现说谎的行为。特别是面对一些性格粗暴、态度严厉的父母，孩子往往不敢承认自己的过失行为而说谎。

(2) 模仿别人的行为，因而有意说谎

现代社会中，无论是成人还是大众媒体，都大量存在着不少

说假话的行为，而孩子的模仿能力很强，所以很容易被孩子学会。

所以，孩子的撒谎，很可能与父母有必然联系。如果父母经常当着孩子的面说些小谎话，那么宝宝很快就能学会说谎。这种说谎行为就是有意的，是真实的谎言，是不诚实品质的最初表现，父母如若不及时教育、认真对待，宝宝说谎就会成为习惯，进而影响他品德的健康发展。

(3) 想实现某种愿望，因而有意说谎

孩子在年幼时，心里总有很多的愿望。一般来说，这些愿望大体可以分为两种，一种是物质的，如玩具与零食等；另一种是精神的，如希望得到父母和他人的表扬。

如果孩子非常想在物质欲望和精神方面得到满足，却又无法获得预期，这就有可能出现说谎的现象。

因此，心理学家认为，孩子2至3岁的时候说谎可能是想象力丰富、聪明的表现，但是五六岁还说谎，那么就是有意而为之了。这个时候，父母如果总是一笑置之，不及时给予正确的引导和教育，就会在孩子心里形成“撒谎可以蒙混过关”的错误意识，那么孩子就会逐渐地养成说谎的坏习惯，甚至积习难返，贻误终生。

不管多大多小的谎言，也一定要引起父母的重视，要采取有效的方法，及时纠正。

【给爸妈的话】

如果父母一旦发现孩子说谎，父母都不能过分纵容，或是一笑了之。但是也不能认为孩子是坏孩子，动则打骂，这样会对孩子的心理造成巨大的阴影。

父母正确的做法，应该首先弄清楚孩子为什么要说谎，了解了说谎的原因后，方能加以防治。一般来说，想要让孩子不撒谎，父母可以采取以下这些方法对孩子进行教育：

（1）要帮助孩子区分现实和想象

由于孩子年龄小，想象力和创造力又都非常丰富，所以他们说出来的一些谎言并非是有意的。这时候，父母要帮助孩子区分现实和想象，告诉孩子什么是现实中发生的，什么是他想象出来的。同时，父母还可以告诉孩子，如果他所说的事情是自己想象出来的，那么讲述之前要加上诸如“我想……”“我希望……”，这样就不会让人以为他是在说谎了。

父母要知道，孩子的想象型谎言往往没有什么目的性，有时是很即兴、很随意的，所以应该给予启发和引导，不能不分青红皂白地制止，否则就会扼杀孩子的想象力。

(2) 学会信任自己的孩子

父母要学会信任孩子，不要因为孩子一次撒谎，就认定孩子永远撒谎。一旦父母给孩子安上“爱撒谎的标签”，那么孩子就会背上心理负担，导致他以后习惯性撒谎，形成恶性循环。

(3) 对孩子的错误行为处罚要得当

信任孩子并不等于无条件地放任自流，如果孩子有意识地撒谎，那么父母就应该及时地、明确地指出他的这一行为，教育孩子改正错误。如果孩子再次犯错的时候，父母还应该给予适当的处罚，比如要求孩子道歉，让孩子罚站等等。

但是，父母要记住，对孩子的处罚不要太过分，不能一气之下而给他一巴掌，更不能对孩子大吼大叫，这样做只会让孩子产生恐惧心理，促使他下次做错事时，为了避免处罚而出现说谎行为。

(4) 父母要以身作则，给孩子做好正面榜样

很多孩子的说谎行为是模仿别人，尤其是家长，在孩子面

前，父母一句漫不经心的谎话，可能会给一旁的孩子非常不好的影响。作为孩子的第一任启蒙老师，父母应该注意自己的言行，严格要求自己，尽量少说这种漫不经心的谎言。

同时，父母也难免会犯错，这时候就应该及时承认错误，并认真改正，为孩子树立一个正面榜样。这样，在父母的影响下，孩子犯错时就会主动承认错误，而不是说谎找借口，或是逃避。

(5) 巧妙地引导孩子说实话，而不是一味地责骂和体罚

当孩子为了逃避惩罚，把责任推给别人的时候，父母不要大发雷霆，严厉地斥责孩子，否则孩子再次做错事的时候，就会更加恐惧并下意识地说谎。如果父母巧妙地引导孩子说实话，“某某做错事了，应该受到惩罚。”“某某犯错了，不是乖孩子。宝贝是乖孩子，做错事一定会承认错误的。”这样，孩子就会因为把错误推给别人而内疚，或是因为受到表扬而忏悔，从而在父母的引导下承认错误。

这时候，父母就不要再责骂孩子了，应该对孩子的勇敢坦诚给予表扬和鼓励，这样一来，孩子下次就不会撒谎了。

(6) 建立良好的亲子关系

孩子撒谎，是因为与父母之间没有建立起更好的亲子关系。

所以，父母与孩子间的相互信任和理解是他诚实的前提条件。在平时生活中，父母要多关心孩子的生活，对他的要求要切合实际。当发现他说谎时，要与他一起商量，下一次遇到类似情况用哪些更好的办法代替说谎。另外，要让孩子知道，即使说了谎，你还是爱他的，你能理解他的心情，这样双方才不会出现隔膜。

10.孩子动手能力差，都是溺爱惹的祸

现在孩子动手能力非常差，很多孩子到了五六岁时却依旧如同小婴儿，平时生活中许多力所能及的事情都不能做，连最基本的洗澡、刷牙、洗脸、穿衣服、梳头、排便、添拿饭菜等基本生活都要大人的帮助。

刘星 5 岁了，可刚刚上幼儿园，一直是爷爷奶奶照顾他，别的小朋友这时候已经上了大班了。在家里，爷爷奶奶几乎一手包办了孩子所有事情，包括穿衣服、梳头、洗澡、吃饭。

上幼儿园的第一天，刘星就哭哭啼啼地吵着要回奶奶家，中午吃饭的时候，因为用不好勺子，把米饭和菜弄得桌子上到处都是，别的小朋友都嘲笑他太笨了，连勺子都不会用。最后还是在

老师帮助下，才勉强吃完了饭。

午睡后，他连衣服也不会穿，看着别的小朋友都起床了，他急得哭了起来，虽然后来老师过来帮忙，可是他一天都不高兴。回到家之后，怎么说都不愿意上幼儿园了。爸爸妈妈辛辛苦苦劝了半天，才安抚了他的情绪。

后来，学校老师发现，刘星的动手能力太差了，做手工的时候，他总是说："老师，我不会做，你来帮帮我吧。"

张老师问他："刘星，为什么你不能自己做呢?"

刘星说："以前都是爷爷奶奶帮我的，我觉得自己做不了。"

每次全班进行大扫除，刘星都是躲得远远的。他虽然没有玩，却也不拿扫帚、拖把干活。问他为什么，他就会找出这样的借口：

"扫帚没有了!"

"反正这么多人劳动，我们干不干都是一样!"

这样的行为让父母和老师都感到非常担忧。

为什么会出现这样的情况？主要还是由于现在的孩子大多数都是家庭中的独生子女，平时在家里都是扮演着"小皇帝""小公主"的角色。

这是因为，家长在教育孩子的时候，只关注了智力和身体健康，却忽视了其他能力的培养。平时，父母以及爷爷奶奶对孩子过分宠爱，甚至帮孩子包办好一切，这样做的后果就是导致孩子丧失了独立性和自主性，从而变成了一个没有责任感和不肯动脑动手的孩子。

还有的家长不但剥夺了孩子的动手权利，还剥夺了思考问题的权利，因为他们早就帮助他想好了或早替孩子解决了。比如孩子拼装积木，遇到了问题找父母帮忙，而父母则一下子把积木搭好了；老师布置的手工作业，父母为了做得更完美，便一手代劳了。

所以说，今天的孩子，许多的模仿机会被父母的溺爱剥夺了，因此独立自主的能力就会越来越低。父母过分的爱子之心，会使孩子没有锻炼自己、自我独立的机会。而孩子也进入了恶性循环之中，以后就会什么事情都得依靠别人、没有主见、没有勤奋向上的精神，永远都会比其他的小朋友慢上半拍。

除了孩子的溺爱，还有一个原因就是因为父母对孩子的不信任。一些父母忽视了孩子在逐渐长大，不相信孩子的能力，认为孩子永远是孩子，生怕孩子在上学途中让车撞着，长期为孩子当随行保镖；怕孩子上课不会削铅笔，总要先给孩子把铅笔削好。即使孩子有自己的想法，父母也不会听取他的意见，一切皆由自己说了算，对孩子穿哪件衣服、吃哪种食品都有明确的规定。

其实，孩子的学习能力和适应能力非常强，随着年龄的增长完全可以自己做很多事情，穿衣、吃饭、扫扫地，甚至是洗自己的小袜子，但是这些却被父母以爱的名义剥夺了。而这样的行为不仅会让孩子失去动手的能力，还会给他带来人格上和心理上的不健全，从而导致孩子出现幼稚、脆弱、依赖、任性、自私等不健康的心理。

所以，父母一定要采取正确的方式来教育孩子，千万不要过分地溺爱。

【给爸妈的话】

孩子之所以不动手，正是因为父母的过分溺爱，所以，要想改变孩子的这种行为，父母首先应该自我检讨，看看自己的教育方式是否合理，不要以爱的名义害了孩子。

（1）爱孩子，但也要注意教育方法

父母要懂得，爱是要讲科学的，不讲科学地爱孩子，把孩子一味地放在糖水里泡大，并不是对孩子真正的爱。父母要明白：孩子迟早要离开父母独立生活，从小培养他们的独立意识和自理能力，这是为人父母者应尽的职责，也是对孩子真正的爱护。一味地溺爱只会让孩子越来越失去独立性和自主性，只会让孩子永远都窝在爸爸妈妈的怀抱中。

另外，父母不要在孩子面前发生争吵，即便是教育理念不同也要私下互相交流，取得一致。一旦父母在孩子面前争得面红耳赤，很可能会给孩子带来心理阴影，无法获得行为和心理上的独立。

(2) 学会放权，不要什么都替孩子包办

父母要学会放权，不要任何事都替孩子做，应让他们学着做自己的事情，还要帮父母做力所能及的事。这样孩子的动手能力不仅会增强，还会变得越来越有自信。

当然，让孩子做这些事之前，家长可以先给孩子做个示范，教会他们怎么做，以后就可以让孩子自己去做了。

(3) 不怕孩子犯错，不要阻碍孩子的独立性

孩子做事出现错误是非常正常的事情，所以，父母不要因为孩子做不好就训斥孩子，或是干脆自己做。不要怕孩子做不好，

也不要苛求完美，只要孩子做了就是进步。如果孩子遇到了困难，我们可以在言语上给予一定的指导，但是千万不可以代替他们完成，要让孩子自己独立完成事情。

比如，有的家长生怕孩子做不好弄伤了手脚，于是便自己动手做，或是在孩子做错了事情以后就训斥一顿，这样做只能使孩子的自理能力越来越差，依赖性越来越重。

(4) 有意识地去交给孩子一些任务

为了培养孩子的独立性，父母可以有意识地交给孩子一些任务，比如叠好自己的小衣服，比如收拾自己的玩具等等。当孩子完成之后，给孩子一个拥抱说："孩子，你很棒!"或是给孩子一些奖励，这样会不断地激励孩子。

(5) 鼓励孩子做事情要有始有终

孩子的好奇心都很强，什么事情都想要去做一下，但是往往随意性又会很强，做起事来虎头蛇尾。这时候，父母就应该监督孩子，培养孩子持之以恒、认真负责的好习惯，这样孩子的动手能力就会有所增强。

(6) 引导孩子独立思考和选择

很多依赖性很强的孩子，都是因为内心缺乏独立性，没有独立思考的意识和能力。所以，父母应该引导孩子进行独立思考和选择，自己的问题自己解决。比如孩子不懂得怎么搭积木的时候，父母不应该直接告诉孩子如何搭，或是直接动手替孩子搭好，而是引导说："你看这个积木什么形状，和哪块的比较搭配？汽车的轮子应该在哪里？"

第 7 章　做孩子的社交导师

——宝宝虽小,朋友可不能少

心理学研究发现，许多成年人不善于交往、不合群的状况可以追溯至儿童时期。如果孩子的不合群、不善交际在儿童时期得不到解决，那么长大以后就会成为他的一种鲜明性格特征，并妨碍他今后的成功。所以，家长必须做好孩子的社交导师，孩子在与人交往的过程中，其社交能力将会在不知不觉中得到改善。

1.别让孩子躲在角落里一个人玩

3 至 4 岁左右的幼儿，心理处于快速发展阶段，是性格和良好心理形成的关键时期。如果他对于某种兴趣过分着迷，从而对于周围的人或者事采取不理睬不参与的态度，而且较少与小朋友交往，喜欢一个人躲在角落中，这样一来，孤僻的心理就显而易见。

君君今年3岁，爸爸妈妈工作都很忙，平时也没有时间照顾君君，就把他一个人放在家里由保姆看管，每次妈妈上班前都要叮嘱保姆："看好君君，不要让他出去玩，外面不安全。"君君正处于爱玩的年龄阶段，总是耐不住寂寞，让保姆带他出去玩，但每次都遭到拒绝。久而久之，君君便也不再要求出去玩了，每天就在自己的小屋子里玩。

渐渐地，君君到了上幼儿园的年龄，父母把他送到离家很近的一所幼儿园就读。可每天还没到幼儿园门口，君君就会大声哭闹。老师告诉君君的爸爸妈妈，说君君从来不和小朋友一起玩，也不和老师要玩具玩，就自己一个人坐在那看着其他小朋友玩。到了中午睡午觉的时间，君君很乖地躺在床上，可从12点到下午2点，他的两个小眼睛一直睁着，既不睡觉，也不说话，就那么安安静静地躺在床上。前两天打预防针，很多小朋友都哭了，就君君一声没哭，有个小朋友无意之间碰了他一下，他表现得很吃惊很畏缩，表情木木的。

君君的爸爸妈妈听完幼儿园老师的话后，心里很担心：这个只有3岁的孩子会不会是患上了孤僻症呀。

当孩子长到3岁时，就会表现出一种属于自己的特殊心理需要：会从依赖、依恋大人，到开始与同伴交往。这段时间，孩子对周围小同伴往往是热情主动的，即使是不相识的孩子，也会很快玩到一起，交上朋友。与此同时，同伴交往关系的深度会随着孩子年龄的逐步增长，从而超过同家庭人员的交往关系。

但是如果孩子在这个时期表现出孤僻、不合群，不喜欢和别人相处，甚至是对周围的人存在一种反感、鄙视、冷漠的态度，那么就是心理上出现了问题。这类孩子的内心十分虚弱，他们害怕别人的伤害又害怕别人的不理睬。如果其他孩子真的不理他时，他会感到自尊受到了伤害。所以，这种心态让孩子非常矛盾，它会让幼小的孩子难以应对，于是把自己“关闭”在自己的小世界里，不与其他人交往。

时间长了，这类孩子的性格就会越来越敏感，把自己封闭，慢慢拒绝集体活动，用取孤僻来回避社会，回避人际交往，用孤僻来保护自己。所以父母看到孩子总是躲在角落中一个人玩，不愿意和别人说话，千万要格外注意，否则对于孩子心理健康和性格的发展都有不利的影响。

所以说，孩子表面上由于他的害怕、羞怯，不愿参加集体、不与人交往等造成，但其实，这还有更深的心理原因。那么，造成孩子孤僻心理的因素有那些呢?

(1) 父母的过分溺爱

孩子不愿意和人交往，性格孤僻，很大的原因是由于父母的过分溺爱。由于父母的过分保护，害怕孩子受伤或是受欺负，导致孩子和同龄人交往的机会减少，那么一旦进入幼儿园，孩子就会显得不适应，对陌生环境和陌生人感到担忧、紧张。

与此同时，在集体中还有纪律、游戏规则等限制，这让孩子感到了不自由，而老师和其他的孩子不会像父母一样处处让着他，以他为中心。于是，他心里就会感到非常委屈，还会产生一种强烈的挫折感，从而情绪低落，变得冷漠，且极力想要逃避。

(2) 孩子的内心过于脆弱

有些孩子内心非常脆弱，没有自信和独立意识，并且拥有自我意识缺乏和自卑心理。所以，他们在集体场合就会感到害怕，害怕被人嘲笑、看不起，以至于采取退缩逃避的方式来保护自己。

另外，家庭关系不和，亲子关系紧张也会对孩子心理造成影响。比如亲子关系紧张，父母极其严厉，那么孩子就会长时间处于紧张、惊恐、孤立无援的心理状态之中，没有任何安全感，以至于不敢加入别人的活动，想要逃避各种公开场合。同时，如果父母教育方式存在很大差异，一个溺爱、一个严厉，一个唱红脸一个唱白脸，也会造成孩子心理紧张，过分在意别人的一举一动，并且时常以退缩、逃避的方式来保护自己。

还有的父母为了不让他招事惹事，就采取非常小心谨慎的态度来教育与照顾孩子。一般情况下，父母会限制孩子进行正常的人际交往及游戏，常常告诉孩子这个不好那个不好。于是，有很多“听话”的小孩，便对于自身之外的人或者事敬而远之，这样一来，孩子必然会产生多疑、自卑、孤僻等心理。

所以，父母不能只是一味满足孩子物质上的需求，从而忽视对孩子感情的关注，导致孩子形成情感上的冷漠，逐渐走向孤僻。

【给爸妈的话】

所有父母都想自己的孩子能够健康成长，所以在他正值幼年时，就要开始培养他们的良好性格。但是面对孤僻的孩子，家长应该怎么办呢?

（1）要鼓励孩子多走亲访友

走亲访友是社会交往的一种形式，可以促使孩子性格变得更为开朗、合群，有利于培养他们团结友爱、宽厚待人、助人为乐的优良品质。这还可以让孩子了解外面的世界，学会如何与其他人交往沟通，更有利于孩子适应不同的环境。

(2) 积极参加幼儿园活动，让孩子融入集体

想要孩子不孤僻，就必须让孩子积极参加幼儿园活动，教他主动融入集体生活。父母可以多鼓励孩子学会把小伙伴看作是兄弟姐妹，友好地和小朋友相处，关心和帮助其他人，这样就可以让别的小朋友尽快地接受自己。同时，积极参加幼儿园或学校的各项活动，孩子不仅锻炼了各种能力，还可以提高自己的交际水平。

(3) 邀请小朋友来家做客

为了和其他小朋友建立良好的关系，父母可适当地鼓励孩子邀请一些小客人来家做客。当然，小朋友来到家里后，父母要热情招待，为孩子做出榜样。因为孩子在熟悉的环境中感到更为舒服和安全，对其他小朋友就不那么排斥了，时间长了，就会慢慢地打开心扉，敢于和别人交往。

同时，孩子早上到幼儿园时，可邀邻近的小伙伴同行；买了新玩具也可以提醒孩子与小伙伴一起玩，以使孩子逐渐习惯并适

应集体生活。

(4) 让孩子学会多微笑

微笑是最有感染力的，让孩子学会多微笑，不仅可以增强自己的自信，还可以获得别人的好感，拉近与小朋友之间的距离。当其他小朋友主动接近孩子的时候，他自然就会走出第一步，逐渐消除紧张和不安。

(5) 父母要尊重孩子，多表扬孩子

父母的尊重和表扬是孩子最大的动力，如果父母把孩子当成朋友和伙伴，和他们共同玩耍、活动、探索，那么孩子就不会排斥和其他人接触，就会变得自信和勇敢。

即便孩子胆小，经常躲在角落中一个人玩，父母也不要严厉地批评他，或是强迫孩子和别人打招呼，这样只会让孩子的退缩行为更加严重。父母应该多鼓励孩子，一旦孩子有了进步，就要注意及时表扬鼓励，并适当提出新的要求，如此孩子才能一步步走出孤僻。

2.孩子的小气心态，是自我意识作祟

很多孩子在开始的时候都不懂分享，因为他们觉得自己的东

西为什么要分给别人呢？父母不要太过于在意，因为这是孩子发展过程中的自然现象，是自我意识的本能体现。但是也不能过分地纵容孩子，否则孩子就会养成以自我为中心的心理，对以后的成长没有太大的好处。

当孩子出现小气的心态后，就会表现出这样的状况：以自我为中心，只想到自己的感觉与需求，而不考虑别人或周围的状态。这种以自我为中心的行为，影响着宝宝的人际关系，因此，他们不容易产生与别人合作、交流，或分享的行为。

娇娇是个可爱又乖巧的女孩，平时嘴巴很甜，伶牙俐齿经常哄得父母开怀大笑。可是，娇娇却有个毛病就是比较小气，玩具零食从来不分给她的小伙伴，有时候自己喜欢吃的东西连妈妈都舍不得分给。虽然妈妈经常教育她不要太小气，要懂得和别人分享，但是效果一点都不明显。

有一次，妈妈的好朋友带了她的孩子来家里做客，妈妈让娇娇带她的同伴去她的房里玩玩具，娇娇却说："我自己的玩具为什么要给她玩？万一弄乱了怎么办？"妈妈感到非常尴尬，立刻对她说："娇娇，你不能这么小气，小朋友来我们家做客，小主人怎么能这样对待客人呢？"可娇娇还是又哭又闹，说什么也不肯把玩具给同伴玩。

之后，妈妈给她讲了很多道理，告诉她自己的玩具要和好朋友一起分享，可娇娇却总说自己舍不得，还说别人也没有把他们的玩具给自己玩。

孩子不懂得分享，是因为在孩子的世界里，他们理所应当地认为：在“我”周围的一切物件，这些都是“自己”的，从未感受到别人的需要。比方说，“我的小床”“我的玩具”“我的……”尤其是对于独生子女，父母过分地溺爱孩子，无条件地满足孩子的一切要求，甚至是无理要求也会采取妥协的态度。比如说，有的家长把好吃的都让给孩子，孩子喜欢吃的东西自己一点都不碰。

久而久之，孩子将父母的行为习惯看在眼里，他就会认为：“我才是家庭的中心，所有事情必须围着我转！对于玩具总以为只要是我玩的，都是我的玩具。”为了捍卫玩具的所有权，他命令、威胁别人不要拿他的玩具，甚至以打人、抢夺的方式拿回自己的所爱。

为什么在这个阶段中，孩子的自私、小气会如此严重？这是因为，在这段时间内，在孩子的眼里，玩具零食要比小朋友重要很多。所以，他不愿意和别人分享自己喜欢的东西，不愿意为了小朋友放弃玩具零食。因为他只知道自己很想玩，若别人把玩具抢走，他会很难过、很生气；别人吃了自己喜欢的好吃的，自己就会减少，至于别人的想法与感受，他则无法体会。

除了以自我为中心，造成孩子自私小气的原因，还有一个更重要的因素：孩子极强的模仿能力。这和父母的家庭教育有很大的原因，如果父母没有给孩子做好榜样，那么孩子就会迅速模仿。比如，有些妈妈可能比较爱惜东西，如果邻居来借物品，妈妈担心东西被弄坏而故意搪塞过去，那么孩子就会在潜意识中养成小气的习惯。

同时，孩子的自私和小气，有时还是因为父母放纵孩子的“以牙还牙”所造成的。比如，在与同伴交往时，孩子看中了同伴的玩具却遭对方拒绝，因此当别的小伙伴向自己提出借玩具时也表现出小气的行为，父母看到之后并且没有给予引导，反而认为孩子做得对，那么孩子的小气行为就会逐渐形成，并且可能愈加严重。如果孩子将自己的玩具借给小同伴，或将自己的食品分给同伴后，得到的是家长的训斥，那么这也会在不经意间培养了孩子的小气行为。

总之，孩子自私小气，不懂得和小朋友分享，其重要的根源就是父母家庭教育的不当，让孩子养成了以自我为中心、小气吝啬的习惯。所以，想要改变孩子这样心态，父母就必须从自身做起，改变孩子的教育方式，并且给孩子做好榜样。

【给爸妈的话】

虽然孩子出现了自私、小气的倾向，但是家长不必因此过分恐慌，更不要感到束手无策。与成人的“自私”不一样，孩子此时的表现多数都会随着年龄的增长而逐渐消失。

但是，即使这样，父母同样不能一味纵容。如果发现孩子有自私的倾向，就应该及时促使他改正。因为年幼的孩子还没有定性，可教育性强，只要家长认真对待，方法得当，就能收到良好的效果。

父母不妨从以下方面入手：

(1) 创造分享的家庭气氛

想要改变孩子的自私，就要创造分享的家庭气氛，让孩子学会分享。比如，如果孩子总是独占好吃的东西，或是自己喜欢的玩具，那么父母就应该把好吃的的玩具拿过来公平地分给每个人，不能再放任不管。

当然，刚开始孩子肯定会不同意，甚至是大哭大闹或苦苦哀求，但家长绝不能让步，一定要坚持到底。只要父母不纵容孩子，坚持让孩子分享，那么孩子小气的心态就会被纠正过来。

(1) 让孩子学做一个大方的宝宝

要想让孩子成为一个大方的宝宝，就要让他学会赠予。在平常生活中，父母可以常常鼓励孩子将旧玩具、旧衣服送给亲戚家的小孩，或是捐给贫困的小朋友。告诉孩子：“你已经长大了，这些东西不需要了。留在家里只是浪费，不如送给需要的小朋友。”

同时，父母还可以鼓励孩子在节日里送给别人礼物，从中体会愉悦的感受。比如在母亲节送给妈妈一朵花，在儿童节送给小朋友小礼品。这些都会培养孩子懂得分享的心态，让孩子越来越大方。

(1) 对于孩子的分享，父母要给予肯定

对于孩子分享的行为，父母应当应正确、及时地给他以适当的鼓励。如果父母能在孩子有好玩具、好东西而懂得分享时给予及时的肯定、赞许，则孩子将会努力使自己逐渐改掉小气的毛病。

(4) 不过分迁就，满足孩子的要求要适当

孩子自私的原因，就是因为想要的东西太多。所以，对于孩子的合理要求，父母可以适当满足，而对于那些过分的要求就应该拒绝，而不是过分迁就。比如孩子如果想要所有的苹果，不允许爸爸妈妈动，那么父母就应该严肃地告诉他："水果是大家的，不是你一个人的，不能你自己一个人吃。"这样多次之后，孩子就不会再犯类似的毛病了。

可如果父母心一软，对孩子的大哭大闹妥协，那么他就知道下次有机可乘，当得到后就牢牢地抓在手里，不愿与他人分享。因此，父母要有狠心、恒心和耐心及坚持到底的决心。

(5) 让孩子多参加集体活动

对于孩子来说，除了家庭之外，最重要的活动地点就是幼儿园。可以说，幼儿园班级是孩子唯一的生活集体。

所以，改变孩子的自私、小气，可以在集体活动上下功夫。由于在幼儿园里，很多集体活动任务需要小朋友之间团结互助、群策群力，这就是克服自私的好办法。让孩子感受为集体做事情的成就感，让他体会到这种团结互助的快乐，他就会自然而然地产生大方的心态。

与此同时，面对集体场所，父母还可以对孩子进行实际的支持。比如，拿一盆自己养的小花小草，让孩子拿到学校美化教室，顺便让孩子关照小草小花的成长，这样培养了孩子的责任心，自然会为他人着想；还比如，带孩子参加一些公益活动，让孩子体会心中有他人的愉悦。

(6) 家长要以身作则

孩子的自私和小气，很多都是由于父母的行为造成。所以，想要防止和改变孩子的自私小气，父母就要在日常生活中以身作则，要多给予别人帮助和关心，要懂得孝敬长辈，更要懂得宽容和爱心。父母如果给孩子树立这样好的榜样，时间长了，孩子自然就会形成良好的品质，不再小气自私。

3.输不起的孩子，输在了什么心理?

很多孩子做什么都想赢，只要赢了就会高兴得大跳，输了就会哭闹，还会大闹着重新来，或者不算数。于是家长们不仅抱怨说：“为什么孩子输不起呢？这样一来，将来遇到挫折怎么办?”

雯雯今年 5 岁，由于受棋迷爷爷和爸爸的影响，从 3 岁多他就喜欢下象棋了。可是因为雯雯年龄尚小，棋艺还远远不如爸爸。有时候，爸爸会故意“放水”，让雯雯高兴，但更多的时候，爸爸还是不迁就雯雯的。每当这时，雯雯就好像受了天大的委屈一般，大哭不止。

对此，爸爸这样跟雯雯说：“你现在才 5 岁，还是一个小孩子，能和大人下象棋，并且能下到这个程度，已经算是很厉害了。每当和你下棋时，看到你专心致志的样子，我都感到骄傲呢！如果仅仅为了你高兴，我会假装输给你，可是那有什么意义呢。”

雯雯认认真真地听着爸爸的话，不再哭闹了。

爸爸接着说道：“现在你自己来选择，是要爸爸假装输给你，还是你一直和我挑战，想办法将来赢过我呢？”

经过爸爸的一番鼓励和引导，雯雯毫不犹豫地选择了后者，流露出一个小小男子汉的气概，而雯雯的爸爸也为此欣慰不已。

父母大多会有这样的感受，自己和孩子玩游戏，只要他输了就会很不开心，甚至哭闹着一定要自己赢才行。

心理学上把这种现象称之为“输不起”。从儿童心理学的角度来说，孩子“输不起”是一种正常的现象。具体表现为，孩子总是希望自己能做得比别人强，不管是做游戏还是比赛都希望自己赢，一旦输了就会情绪低落，甚至做出反悔的行为。这是因为，孩子年龄小，很多方面还尚未成熟，他还无法清楚地了解自己的强项和弱项，在人前或是在集体活动中，一旦不如别人，落于人后时，他就会表现出不满、不高兴。

这种时候，如果父母为了照顾孩子的情绪而进行哄骗和迁就，那么就会让孩子形成对事物的错误判断。他们会认为“我就是厉害，比你们都厉害”，并且越来越输不起。

另一方面，现在孩子都是娇生惯养的，从出生起就被父母的细心呵护包围着，总在一片赞扬声中长大，对于输是没有概念的。所以，他们总认为自己的生活就应该是一切顺利的，一旦遇到了小挫折、小失败，比如在游戏中输掉，那么就会出现输不起、挫折容忍力差的状况。有些孩子，经不起挫折的心理更加严重，如果他认为这项活动或任务有些困难，自己可能会做不好，就干脆放弃不做，根本连尝试的意愿都没有。

同时，如果父母平时对孩子过于苛刻，凡是要求完美，不容许孩子犯丝毫的错误，那么孩子也会形成爱争强好胜的心态，导致孩子输不起。孩子们每天都生活在一个非常“完美”的状态下，他们本身就要求自己不能输，如果失败换来的是家长的斥责，小朋友的嘲笑，那么就会因此受到极大的挫折。

除了父母的原因外，孩子爱玩又不服输，也可能是因为他们自尊心强且缺乏安全感而导致的。他们很害怕输，因为一输就无法肯定自己。同时，个性好强的缘故，使得他们在无法随心所欲地控制环境时，便以耍赖来否定既定的事实。

所以，如果孩子输不起，父母就应该给予孩子正确的引导，要让孩子懂得失败没有什么大不了的，还要帮助孩子学习面对失败及成功，如此孩子才不会经不起挫折，输不起。

【给爸妈的话】

在幼年期间，孩子还处于以自己为中心的阶段，所以，对于他输不起的行为，父母是应该可以理解的。但是随着孩子年龄的增长，还因为输不起就哭闹或是耍赖，那么家长就应该给予重视了，要让孩子以平常心对待输赢，要让孩子经得起挫折。

所以，对于输不起的孩子，父母可以采取以下这些方法：

（1）父母要从自身做起，先平衡自己的心态

很多父母往往进入了一个误区，喜欢让孩子展示自己的才艺，如果表现得好就夸孩子，一旦表现不好就批评埋怨。这样的

教育方式很容易让孩子走向两个极端，要么争强好胜，一定要赢，要么失败了就爬不起来。

不管是哪一种对于孩子都是有害的，都会造成孩子输不起。所以，父母想要让孩子“输得起”，父母就必须先平衡自己的心态，正确看待孩子的输赢得失。即便孩子失败了，也不要埋怨孩子，而是引导孩子以平常心对待成败，以积极的心态对待挫折。

(2) 告诉孩子失败并不可怕

孩子在失败时，产生消极情绪也是非常正常的。这时候，父母要及时告诉孩子“失败并不可怕”，“你下次可以做得更好”，并且引导孩子重新鼓起勇气，大胆自信地再次尝试。当孩子恢复自信的时候，就不会再惧怕失败了。

(3) 让孩子多参加一些集体活动，提高孩子的抗挫折能力

孩子在和小朋友一起游戏的过程中，往往会经历一些挫折和失败。其实这并不是坏事，这可以让孩子更好地认识自己，看到自己的缺点和别人的长处。这时候，父母要引导孩子反省自己，欣赏别人。

同时，要给孩子挫折教育，培养孩子直面挫折、对抗挫折的意识，帮助孩子建立起不怕任何困难的自信和勇气。这样孩子就

可以战胜挫折，还可以学会镇定、坚强地面对失败，一步步走向独立。

(4) 适度安慰，讲请道理

当孩子受到挫折而要赖皮时，父母虽然不能纵容，但也不能放任不管，要及时对他进行适当的安慰。再等他的情绪稍稍缓和下来后，再给他讲道理，让他遵守游戏的规则，那么他就会容易接受了。

同时，父母要在之后主动邀孩子玩同样的游戏，并且事先讲好游戏的规则，这样一来，孩子就会慢慢地改变自己的行为。

(5) 将心比心，巧妙沟通

由于孩子自身的综合能力非常有限，所以，他的挫折忍受力就会比较低，一有不如意的事情发生，常会把责任归罪给别人。

这个时候，父母的情绪疏导是非常必要的。父母应先接纳孩子的情绪，让他描述当时的场景，然后告诉他："你很想赢，别的小朋友和你一样，如果别的小朋友输了，不甘心，吵着说不算，或是阻止你赢，那你会不会生气，还和她玩吗?"

通过巧妙的沟通，父母要让孩子学会从他人角度着想，并且懂得学会反省自己，这样孩子就会知道自己做错了，就会改正之前的行为。

4.争吵是孩子表达内心世界的一种方法

在孩子与其他小朋友玩耍时，有时不可避免地会出现争吵的现象，从而产生矛盾与冲突，这是最正常不过的事情。其实，这是由于孩子语言表达欠缺，无法表述自己心里所想。

但是很多家长却认为，这种争吵是孩子没有礼貌的行为，和别人发生冲突是一种消极行为，应该加以避免。实际上，父母的这种行为，是非常错误的。其实，冲突是以自我为中心的关键要素，能帮助孩子逐渐形成采纳同伴观点的能力，为幼儿人际关系奠定基础。

小刚上了幼儿园中班，一次和妈妈一起参加公司组织的旅游。可是途中，竟然发生了一件不愉快的事情。

当大家的上车的时候，小刚快速地抢了一个他认为不错的座位坐下，这时另一个小男孩也哭着喊着要坐在那个位置上。小刚不仅不肯让，还和小男孩吵了起来，两人大声地争吵起来，你一言我一语，任凭大人怎么劝说，小刚还是不甘示弱，甚至说出既残忍又伤人的话。“我先抢到的，凭什么让给你。”“我就是不让，气死你！”最后小男孩被妈妈抱走了，小刚则站在原地得意地笑着。

妈妈发现小刚爱与别人争吵，幼儿园的老师也反映孩子经常和其他小朋友吵架。连做游戏都会和别人发生争吵，甚至不吵赢决不罢休。

孩子和别人发生矛盾或是争吵，其实是他们表达自己内心想法的一种方式，也是发展人际关系的一种方式。

现在的孩子绝大部分是独生子女，他们个性倔强，以自我为中心，在家中集万千宠爱于一身。这也是很多孩子容易形成不合群、自顾自、独占一切的坏习惯。正因为如此，当他们和别人玩耍的时候，才会事事以自己的想法为主，不了解别人的心理和要求，不容易接纳同伴的意见。一旦别人提出了不同意见，他们就通过争吵的形式来反驳他人的想法，甚至是伤害别人的说法。

另一方面，孩子通过争吵来激发自己表达内心世界的语言，从争吵中学习说话，学会忍让、宽容、接纳别人。孩子一般不会像大人一样因利益冲突而记恨对方，他们争吵以后会马上和好，往往大人气还没消，孩子又到一起玩了。因此，父母不要争当幼儿矛盾的“裁判者”，而需做“观察者”或“引导者”，尽量发挥孩子们的主动性，让他们自己解决。

所以，家长应当正确看待孩子与同伴间冲突的教育价值，让孩子自己解决彼此的矛盾，并且引导他们以正确的方式来解决彼此的冲突。如果孩子们一时解决不了彼此的冲突，父母可以给予指导和帮助，让孩子学会为别人着想，学会理解别人，接受他人的意见；或是用适当的方式说服对方，使自己为别人所接受。

家长千万不能因为害怕自己家孩子受欺负，就教育孩子故意和别人争吵，或是“报复”与自己争吵的小朋友。这对于孩子的成长有非常大的危害。

因此，父母应当正确地看待冲突，并及时正确地处理好幼儿之间的冲突，这样一来，才能保证幼儿的身心健康发展。

【给爸妈的话】

家长要对孩子的冲突采取正确的方法，要学会客观地看待孩子之间的冲突，不能简单粗暴地解决，更不要过分地干涉孩子之间的争吵。因为孩子间的冲突也是他们在集体生活中学习交往，学习如何待人接物的一种方式。

那么，父母应该如何做呢？其实，可以采取以下方法：

(1) 教给孩子一些避免和解决冲突的基本技巧

为了避免孩子总是和别人发生冲突，父母可以有意识地教给孩子一些人际交往的技能技巧。比如，学会倾听和宽容，如何用温和的方式表达自己的意见，如何说服别人等等。这些方法都可以使孩子避免一些冲突，也能使他们自己尝试解决冲突。

(2) 增强孩子自己解决冲突的能力

3 岁到 6 岁之间的孩子，与小朋友之间发生冲突是非常正常的。尤其是在幼儿园，所有的小朋友都一起参加游戏、一起学习和生活。而所有的冲突都让教师参与解决，这显然既不现实也不可能，同时还会增加幼儿的依赖性，让他们面对冲突不知所措。

所以，父母应该敢于放手，让孩子自己解决与小朋友的冲突，这样不仅可以增加孩子的独立性，还可以锻炼孩子解决问题的能力。

(3) 给幼儿创造一个宽松的环境

想让孩子不爱吵架，就要为他提供一个宽松的生活环境。这可以让孩子身心放松，还可以增强孩子身体和心理的活动空间，促进孩子之间融合关系的发展，避免孩子之间发生争吵和冲突。

所以父母应该给孩子提供宽敞明亮的活动场地，多鼓励孩子和小朋友做游戏，不要限制孩子的行为。

5.孩子的霸道心理，是由周围环境所致

现实生活里，我们经常会看到很多霸道的孩子，认为自己是最重要的，所有人都听自己的指挥，并且所有的好东西都是自己的。久而久之，在孩子的心里就会出现这样的想法：我是独尊的，我是一切的中心，任何事情都不可以不符合我的利益与好恶。

实际上，孩子的霸道行为，是孩子成长阶段的一种正常心理，我们不能简单地把它视为“自私自利”，说成是思想品德有问题。因为孩子到了 3 岁左右，就会产生明显的“以我为中心”的意识，往往是从“我”出发，而不知道还有“你”、有“他”、有别人，因而导致了霸道行为的发生。

5 岁的亮亮是个地道的“小霸王”，在幼儿园里，他就喜欢称王称霸，总让小朋友们听他的，不听亮亮就伸手打别的小朋友。在小区内，他也经常欺负其他小朋友，一言不合就打哭别人。

而在家里他更是霸道得很，什么事情都必须依着自己，不知道为父母着想。吃饭的时候，妈妈为了让孩子多吃一些饭菜，总

是把好吃的都让给他。妈妈每次给亮亮做他爱吃的红烧鱼时都把鱼头留给自己，鱼身给亮亮吃。于是亮亮养成了一种习惯，每次吃饭都把鱼放在自己面前。

爸爸觉得孩子实在是太霸道了，不能放任了，于是便想要帮他改正这个毛病。一天，妈妈又做了亮亮爱吃的红烧鱼，爸爸于是就把鱼放在了自己的面前，亮亮一看就有些不高兴。开饭之后，亮亮的爸爸夹了一大块鱼放在自己碗里，又夹了一块放在了亮亮妈妈的碗里，亮亮大哭道："鱼是我的，你们不许吃。"爸爸听后对亮亮说："鱼是妈妈做给大家吃的，为什么不许我们吃？"亮亮有理地说："每次妈妈做了鱼都是我一个人吃，所以鱼是我的。"

爸爸看到孩子这么霸道，立即火冒三丈，惩罚亮亮不许吃饭，让他一个人好好反省一下自己的霸道行为。

孩子的霸道行为，与成人世界中的"自私自利"有着本质的区别。所以，父母在适当注意的情况下进行教育就可以了。

但是，如果孩子的霸道行为超过了家庭的界限，在幼儿园也以我为尊，要求别人必须听自己的，一旦别人不配合就采取报复行为。比如说，孩子在与小伙伴的交往中，也喜欢称王称霸，干什么事都爱当领头人。那么，这就需要父母格外注意了。

因为虽然这样的孩子大多积极主动，好胜心强，充满自信，在集体中善于表达自己的思想，使小伙伴服从自己。表面上看，这样有利于培养领导才能，但是如果处处要求别人听他的，不允许别人提出意见，那么孩子就很容易形成霸道、自私的心理，且没有包容心和合作意识。这对于孩子之后的成长和与人交往都没有益处，家长应该及时给予正确的引导。

事实上，我们发现越是受父母溺爱的孩子，就越霸道。有的父母过分溺爱孩子，导致孩子成为了家里的小皇帝，习惯了事事以自我为中心，养成了任性、霸道、独占的习惯。这样的孩子，不仅在家中说一不二，在幼儿园也是如此，要求小伙伴都听他的，甚至常欺侮别人。

除了父母溺爱，家庭关系不好也可能会导致孩子形成霸道心理。这是因为如果孩子在家庭生活中缺乏温暖，家长常使用强制手段来教育孩子；或者父母缺乏民主作风，孩子缺乏应有的自主权，那么孩子的就会习惯压抑自己的情绪，不敢说出自己的想法，不敢表达自己的意见。而到了幼儿园，他们就会把受压抑的情绪发泄到同伴身上，或是模仿父母的行为，利用强制手段来要求别人听自己领导。甚至有些孩子会利用自己个儿高力大或家庭条件较别人优越就盛气凌人，强迫小伙伴服从自己，甚至欺负其他小朋友。

还有一些孩子霸道，是因为他可能从小经常受人欺侮，心理变得非常压抑。一旦自己长大了，就会效仿欺负自己的人，错误地将这种对抗方式延续下去。

不管怎么样，孩子霸道都是由周围环境引起的，尤其是父母的不当教育和不好的家庭环境。所以，父母一定要做好孩子的启蒙老师，改善自己的教育方式，给孩子正确且科学的引导。

【给爸妈的话】

如果是孩子发展期的正常“霸道”，那么随着他的长大，他会渐渐认识到世界并不是仅仅围着他转的。因此，他对大人的控制也会渐渐地减少，那么孩子霸道的态度也会减轻。即使这个孩子天生就有领导欲，但只要家长做得得体，引导有方，他的霸道也会慢慢地适可而止。

但无论怎样，对孩子的霸道行为，父母必须应该注意有所控制，否则便会不利于他的健康成长：

(1) 理解孩子，给孩子适当的关注

孩子有时候蛮横无理，要求很多，实际上，这是他希望家长多陪陪自己，是一种情感上的需要。父母应尽可能给予满足，多陪陪孩子，多和孩子沟通，一旦孩子的心理需求得到满足，就不要霸道地要求家长做这做那了。

(2) 不要用强制的方式教育孩子，要注意家庭民主

在平常的生活中，父母就要注意对待孩子的态度，如果希望孩子不霸道，那么家长就不要对孩子霸道，不要用强制孩子按照自己的要求做。父母应该注意家庭民主的实行，关于孩子的问题多征求孩子的意见。同时，不要对孩子过于苛刻，也不要让孩子追求完美。父母对孩子的期望和规定应该合理科学，并适合年龄特点。

(3) 给孩子一些责任感，让孩子独立自主

想让孩子不霸道，就要经常训练他们认识责任。一开始，可以给些简单之事让他们处理，如：拾起地上的蜡笔，从房中取一本书来……

当孩子的年龄不断增加后，父母就可以适当放手。要鼓励孩子自己做，而且要克服困难，坚持独立做完，这样，他就不会总

命令别人为自己做。

(4) 不要太溺爱孩子，适当地满足孩子的要求

很多霸道的孩子都是因为父母的溺爱造成的，父母什么都依着他，孩子当然就会形成“以我为尊”的意识。所以，父母不要太溺爱孩子，可以适当地满足孩子的要求，但孩子的要求太过分时，就应该严厉地拒绝。

(5) 增强孩子的自我满足感

如果孩子主动做自己的事情，这时父母应赶快给予表扬，强化孩子的良好行为。因为孩子一旦受到了鼓励和表扬，就会感到自我满足，心中生出一种自豪感，这样一来有些事情孩子就不会让家长来做了。

6.孩子爱打小报告，家长需要正确看待

很多孩子在进入幼儿园后，特别“爱告状”，有时是告诉家人，“妈妈，今天有个小朋友不听话。上课的时候，玩玩具”，有时则告诉老师，“老师，丽丽打人了”。

其实，每当孩子拿各种小事情来找自己告状，不少父母和幼儿园老师都会感到头疼。这个时候，很多父母都会感到不知所

措：对他的告状行为很关心，怕孩子养成动不动就告状的习惯；不去理会吧，又怕孩子真的遇到了问题，受了欺负。

小娜是个伶牙俐齿的小女孩，在幼儿园里她很喜欢向老师告状。谁在厕所打闹了、谁午睡的时候和小朋友讲话了，这些都是小娜告状的内容，有时候弄得幼儿园的老师哭笑不得。

一次周末妈妈领小娜去公园玩，在车站小娜看到她在幼儿园的同学小敏，小敏化了很漂亮的妆，还涂了漂亮的口红，小敏走过来大方地跟小娜打招呼："小娜，你看我漂亮吗？我妈妈给我化的妆。"小娜态度显得很平静地回答："老师说小朋友是不能化妆的。"

到了周一，小娜一到幼儿园就去找老师。"老师，我昨天看见小敏化妆了，还涂红嘴唇了呢！老师您不是说过小朋友是不能化妆的吗？小敏没听老师的话。"老师只好无奈地说："小娜说得对，小朋友不能化妆，一会儿老师去批评小敏。"小娜这才罢休。

因为小娜经常向老师告状，所以很多小朋友都不喜欢跟她玩，离她越来越远了。这让小娜妈妈感到非常无奈和担心，这样下去，孩子会不会被孤立？

那么，为什么孩子这么爱告状，是不是应该制止他们的这种行为呢?

事实上，孩子的“爱告状”是一种正常的现象，父母只要合理注意就好了，大可不必因此忧心忡忡。因为心理学家认为，“爱告状”在幼儿期比较明显，这是心理发育和人际发展的一个阶段性的正常现象，但随着年龄的增长，这种现象会自然减少以致消失。

父母应该明白，“爱告状”既是孩子独立处理问题的能力未成熟的表现，也是孩子和他人沟通的方式之一。这个现象也表明，这个时期是孩子人际交往和处理问题的能力、方式形成的重要时期。有的孩子与伙伴发生了矛盾，或受了委屈，而向大人“告状”，这实际上是孩子宣泄紧张情绪，减少忧虑，以达到心理平衡的过程。简单来说，孩子只是把大人作为诉说的对象，说完后便会心满意足。

还有些孩子并非只是因为宣泄自己的情绪，而是对于别的小朋友的行为感到不满。他们总是先看到别人的缺点，而自己即便也存在同样的缺点，但他们却很少能够发现。所以，孩子喜欢告别人的状，目的是为了显示别人缺点，并且强调自己的优点。他们和老师告状，其真实意图就是在说：“看，别人犯错了。而我自己遵守了纪律。”

从正面讲，孩子这种“打小报告”的行为，其实是表明他们有了一定的辨别是非的能力，他们能够对他人的行为做以“好坏”“对错”的评判。同时，他们在告状的时候，则更希望得到的是家长及长辈们的肯定，从而来证明自己是正确的。

但是，孩子总是给别人打小报告，也需要父母和老师重视。因为，这种行为很可能导致孩子总是盯着别人的缺点、错误，不仅难以从别人身上发现优点，也使他不能对自己身上的缺点予以足够的重视。甚至，这还会是嫉妒的表现形式之一。

【给爸妈的话】

一般来说，孩子都喜欢告状，因为他们年龄小，思想单纯，在是非面前缺乏独立解决问题的能力，需要寻求大人的帮助。这时，大人如果置之不理，就会对孩子的道德评价能力造成负面影响，挫败孩子的正义感。家长可利用这一时机，教育孩子如何正确地认识和处理问题。

（1）分辨孩子告状的目的

对于孩子的告状，父母需要进行分别对待，分清他们告状的目的。有时，孩子告状是为了表现自我，吸引大人的注意，讨得大人的欢心。如幼儿园常有孩子告状说“他上学带零食，我没带”、“他睡觉说话，我没说”等等。这个时候，父母可以采取妥善的方式，首先要肯定孩子的良好表现，但是也要防止孩子为了表现自我而乱告状，或是养成说谎的习惯。

有时，孩子告状则是因为嫉妒。比如某个小朋友得到了老师的表扬，一旦这个小朋友犯了错误，那么孩子就会立即向老师告状。因为孩子在年幼时比较喜欢争强好胜，会嫉妒其他的小朋友比自己强，所以便想通过告状来贬低别人，抬高自己。这个时候，父母万万不可敷衍了事，应该要让孩子消除嫉妒心理，让他明白，每个人都有自己的优缺点。

(2) 学会聆听孩子的倾诉

无论孩子是因为什么告状，父母要学会聆听孩子的话。因为大多数时候，孩子告状是因为被别人欺负了，感到委屈，向大人告状便是孩子最好的倾诉方式。

这时候，父母最应该做的就是静下心来仔细倾听，可以温和地看着孩子的眼睛，轻拍他的肩膀，这样才能缓解孩子内心的紧张、委屈、惶惑等情绪。如果父母对孩子的倾述敷衍了事，那么孩子的心理负担就会加重，增加对父母的不信任感，从而变得越来越胆小。

(3) 教育孩子换位思考

如果孩子告状是为了表现自己，那么父母就应该教育孩子换位思考。比如说："如果别的小朋友总是告你的状，你会怎么想？""如果其他小朋友也嫉妒你表现好，你会不会高兴？"

孩子学会了换位思考，正确对待别人的优点和缺点，那么就不再想着总去告状。

(4) 教育孩子独立解决问题

因为现在的孩子以独生子女为多，所以，当遇到问题时，他们就无法找哥哥姐姐求助。再加上由于跟别的孩子相处时缺乏合作意识，容易产生矛盾，于是只好向大人告状。

其实，孩子的告状，很多事情都一些无关是非、鸡毛蒜皮的小事，所以，父母可以不必担心忧虑，应该把对问题的处理权交还给孩子，培养孩子独立处理纠纷的能力。

(5) 用幽默来将大事化小

想要孩子改正总打小报告的习惯，父母可以采取一种生动而夸张的方式来回答他。比如对孩子说："哦，不！你是认真的吗？他真的那样做了？他可能在和你开玩笑！”父母采取这样的方式，孩子就会明白，小朋友之间的冲突没有什么大不了，没有必要向父母告状了。

7.是什么原因让孩子屡屡遭受排挤

我们经常会遇到这样的情况，小朋友们正在玩耍，当某个小朋友想要加入的时候，得到的答复却是“不要和她玩”。一旦孩子受到了小朋友们明显的排挤，就会给他的心理带来了很大的伤害，如果情况得不到缓解，还会对未来的成长造成不良的影响。所以，家长们要弄清楚孩子被排挤的原因，帮助孩子解决这个问题。

一天，幼儿园举办家长开放日，小美的妈妈陪着孩子一起做游戏，并且观摩教学活动。

在自由活动期间，妈妈看到小美想要上滑梯，当时滑梯上有几个和小美同班的小朋友正在上面玩，小美表现出有些胆怯不敢上，回头看妈妈，妈妈点头做出鼓励的表情，小美开始上滑梯，这时，上面一个小朋友突然说：“微微，小美要上来，咱们让她上来吗？”这时，只听见微微果断地说：“不让她上来，她是个赖皮。”

听到这里，小美哇的一声哭了起来，妈妈心里很难受，只好跟微微说：“小朋友一起玩不好吗?你们带着她玩好吗?”微微傲慢地俯视着小美说：“我们原来很喜欢和小美一起玩，可她总要赖，我们就不喜欢她了。”其他几个小女孩也纷纷表示不愿意和小美玩。小美哭得更厉害了。

小美妈妈非常着急，孩子在幼儿园这么受排挤，这可怎么办?

通常来说，经常被排挤的孩子，往往都会有这些心理特征：他们既喜欢与其他孩子玩，同时又习惯性地表现出在家里的任性和依赖，往往给小朋友们的压力很大。时间一久，小朋友们就自动排斥他了。

所以说，孩子被其他朋友排斥，主要是由孩子自己造成的。就像微微说的那样，小美平时爱赖皮，所以大家才逐渐不喜欢和她玩了。这样的孩子因为好胜心强，所以时常为了取胜而不遵守游戏规则，以至于受到集体的反对和排挤。同时，如果孩子经常在游戏中捣乱，并表现出自私、狭隘、任性的性格，只能自己占上风，不懂得礼让其他小朋友，那么往往会被多数伙伴厌弃。还有如果一些孩子过于任性，想玩就玩，想不玩就不玩，完全不顾游戏是否完成，其他人是否同意，那么也会遭到别人的嫌弃。

还有些孩子，则是因为内心的胆怯，不敢同小朋友一起玩。久而久之，他的综合能力也较同年龄的孩子差，在游戏中往往会比小伙伴落后许多，因此被小伙伴们厌弃。比如说别人能完成的任务，他没有办法完成，拖累了其他成员的进度，那么其他孩子就不喜欢和他玩。这就好像是大孩子因为嫌弃小孩子“笨”，而不愿意和他们玩是一样的道理。因为不同年龄孩子在一起活动，在游戏中年龄较小的孩子能力不如年龄较大的孩子，因此往往被拒绝参加游戏。

事实上，这些都是孩子被拒绝参加游戏的表面原因，更深层的原因往往是因为家里对孩子的压力训练太少，很少对孩子的任性行为进行控制和限制。这些孩子在家里总能够得到满足，是因为父母的娇生惯养；但是当遇到外人时，其他人却不会依着他行事，所以，自然而然地就会遭到挫折，受到排挤自然变得正常。

【给爸妈的话】

对于孩子总受到排挤，父母应当首先分析自己的教育出现了哪些偏差，然后再针对孩子的实际情况进行改善。只有从自身方面找原因，而不是把错误归咎于他人，这样才能改善孩子的处境，让孩子更合群，更受人欢迎。

（1）让孩子遵守游戏规则

如果孩子是因为经常不遵守游戏规则，或者在游戏中捣乱而遭到了伙伴们的排挤。那么父母就应该明确地告诉孩子，不遵守游戏规则和在游戏中捣乱是不受欢迎的，教育孩子改正这样的坏习惯，并且培养孩子懂礼貌、谦让的好品质，这样孩子自然就会受别人的欢迎。

（2）不要让孩子太看重输赢

很多孩子在与小朋友做游戏时，太看重输赢，并且一旦自己输了就要情绪，这样怎么能受欢迎呢?

父母应该让孩子正确对待输赢：赢了，不要骄傲，也要帮助小朋友进步；输了，也不要要情绪，更不要嫉妒别人，找到失败的原因，下次再赢回来。

（3）与不同年龄的小朋友玩，发挥年龄优势

如果孩子与不同年龄的小朋友玩要，父母不要过于反对，而是应当认识到，与不同年龄的小朋友交往，可以让孩子获得丰富

的内心体验。

父母可以提醒孩子，如果和比自己小的伙伴交往时，那么就应该让孩子意识到自己是哥哥或姐姐，并尝试用哥哥姐姐的姿态来爱护弟弟或妹妹。不要欺负弟弟妹妹，也不要因为年龄的优势就排挤其他小朋友。

而在与比自己大的伙伴交往时，孩子会感到新奇和有趣，哥哥姐姐们总有一些新的东西吸引着他们，使他们在快乐中学到知识，获得满足，孩子的个性也能得到充分的发展。父母可以让孩子多向哥哥姐姐学习，积极跟上别人的步伐。

如果孩子由于年龄小、能力差而遭到了哥哥姐姐的拒绝，父母可以出面和小朋友商量，尽量让孩子参加到游戏中去。

(4) 鼓励孩子融入集体

很多孩子是因为胆小而不敢加入其他人的游戏，从而受到了排挤。这时候，父母不要着急，应该先鼓励孩子选择较他年龄小、能力又相近的伙伴一起游戏。这样，孩子可以更快地融入集体，可以逐渐地变得自信、大方，并且养成与人交往的技巧。

同时，父母可以多鼓励孩子大胆交往，帮助孩子逐步克服胆怯，增强孩子的自信心。当孩子迈出第一步的时候，或是比之前进步的时候，父母可以鼓励地说："在游戏中你表现得很好，很能干，爸爸妈妈很高兴。"这样孩子的自信心将逐渐建立起来，就不会胆怯了。

(5) 鼓励孩子多关心和帮助他人

想让其他小朋友重新接纳孩子，父母就要鼓励他关心其他胆小怯懦以及被排挤的孩子。当孩子主动对他们伸出友谊之手，会培养更多的爱心，提高自己的素质，那么自然就会被小朋友接纳，就会受很多小朋友的欢迎。

同样，假使你的孩子遇到困难，还可以询问学校老师或是辅导员，是否可提供类似的帮助。

(6) 不要太溺爱孩子，不要让孩子养成以自我为中心的习惯

在家庭环境中，父母要注意不要娇惯溺爱孩子，不能一切以孩子为中心，以免养成孩子自私、任性的性格。一旦孩子养成了自私、任性的性格，那么社交活动就会受到阻碍，就很难融入到集体之中。

平时父母还可以经常和孩子一起游戏，用自己的行动给孩子做榜样。如果发现孩子的优缺点，那么就要给予鼓励，或者批评和指导。

⑺ 多和孩子聊天，聆听孩子的心声

如果孩子受到排挤而不开心，因而掉眼泪、心不在焉，或是情绪不稳等时，父母可试着与孩子谈天，询问他们是否学校发生了什么事情，然后倾听他们的心声。

比如如果孩子说自己受到了其他小朋友的排挤，不让他参加拍球游戏，那么父母就应该先安慰孩子，让他内心的委屈得到缓解和释放，然后再询问孩子事情的经过，引导孩子说出其中的原因。当找到原因之后，父母就应该积极引导孩子改正自己的缺点，或是遵守规矩，或是不能太自私等等。

8.帮孩子从“受气”的局面中挣脱出来

很多孩子在家里很霸道，可到了外面就畏畏缩缩的了，受了欺负也不敢反抗，俨然成了小“受气包”。

浩然3岁了，在家里很活泼，也很懂事，但是在外面玩时，却变成了小“受气包”。别人抢他的东西他只会不知所措地站在那儿哭，不敢向别人要回来；别人打他、撞他、掐他他也不懂回避，更不懂得反抗，只是哭着去找妈妈，然后说要回家。在幼儿园的时候，别的小朋友抢了他正在玩的玩具，他也不敢告诉老师。回到家之后，才向妈妈哭诉："谁欺负他了，谁把他的玩具抢走了。"这让浩然妈妈感到非常焦急。

有一次，妈妈去幼儿园交费，特意到浩然的班上看看孩子表现得怎么样。结果，妈妈发现浩然一个人拿着玩具在玩儿，嘟着嘴，在那儿一声不响抱着一个玩具，别的小朋友都三五成群地在一起玩着游戏。这时候，一个班里个子高高的男孩走过来了，和孩子说了句什么。浩然看了看这个男孩，很快就默默地把手里的玩具送到对方手里。然后等小男孩走了之后，一个人默默地掉眼泪，也不敢向老师说。

妈妈的心揪起来了，自己的孩子这么懦弱，俨然一个"小受气包"，不受欺负才怪。浩然的妈妈很矛盾，一方面不能教育自己孩子以牙还牙；可另一方面又担忧孩子经常受欺负，时间长了，会对他的身心健康产生影响。浩然妈妈真的不知道怎么办了。

孩子之所以表现出"受气包"的特点，与他的自我意识发展不无关系。一般来说，"受气包"类型的孩子，说明他的自我意识比较淡薄，对于自己在群体中的层次和地位没有更高的要求，从而成为其他小朋友们的欺负、攻击对象。

其实，父母不要错误地认为，孩子总是成为“受气包”，就是说明孩子在集体中不受欢迎、受他人排挤。很多时候，正是因为孩子与其他小朋友做游戏的过程中发生了争执，孩子们又不懂得应该如何处理纠纷，这样才导致了有的孩子好像是受了欺负。还有些时候，并不是只有一方受了欺负，而是争执双方都受了伤。只是孩子不懂得表达，只说出自己的委屈，所以父母才认为只有自己的孩子受了欺负。

因此，父母在担心孩子的时候，要分清孩子是否真的受了欺负。有的孩子说自己受到小朋友们的排挤，可能是为了不上幼儿园而准备的借口；或者是寻求大人帮助，是依赖大人的表现，他说的经常欺负他的孩子，也许正是他平时最好的玩伴。只是，在相处中，也许他真的感觉到自己处在劣势地位。

所以，对于孩子受到小朋友的欺负，父母不要听风就是雨，更不要气急败坏地找别人家长理论。孩子偶尔带回来一点伤也是平常的，如果父母给孩子贴上受气包的标签，一旦孩子说自己受了欺负，就表现出愤怒，指责其他小朋友，或是痛心疾首地数落孩子，那么就会给孩子带来更不良的影响。

父母要知道，大人的消极情绪要比小朋友之间的冲突更伤害孩子，会让孩子变得敏感、自卑，真的成为一个时常被欺负的“小受气包”。而事实上，孩子时常所说的欺负只是孩子之间不经意的玩闹和矛盾而已。

当然，如果孩子真的成为了“受气包”，那么父母就需要格外注意了。

一般来说，“受气包”主要有以下这些特点，父母可以判断自己的孩子是否是真的受了别人的欺负：

(1) 较难以理解别人的意见和看法。

(2) 常表现出忧愁焦虑，情绪上过度依赖大人。

(3) 在多种社交技能方面有欠缺，如不能精确地表达自己的情绪和需要，对小伙伴的行为不能做出适宜的友爱反应，不会帮助别人等。

(4) 在家的时候脾气变化无常，在外面则表现出退缩，并且冷淡。

如果孩子在有效时间没有扭转这些现象，那么在将来就会造成不可规避的后果。在长期跟踪的幼儿教育研究中发现，到青少年长至成人时，他们仍可能存在这些问题。

所以说，孩子受欺负的情况，可能比其他因素更影响孩子的心理健康和全面发展，这个时候，父母就需要帮助孩子走出困境。

【给爸妈的话】

对于家里的这个“小小受气包”，父母一定要以一种理性的态度来对待。

(1) 父母千万不能冲动行事

如果孩子被别的小朋友欺负而回来告状，这个时候，父母切莫头脑发热一时冲动，冲动地找对方理论，或是呵斥孩子“没用”“小受气包”。这样不仅不能解决问题，反而会让孩子更加胆小怯懦。父母应该引导孩子如何应对别人的欺负，教会孩子找老师帮忙。况且，很多时候是孩子自己太霸道了，因此引起了双方的冲突，孩子却觉得自己受了欺负。

总之，父母应该保持冷静，找到孩子受欺负的原因，然后正确合理地解决事情。

(2) 教育孩子“我不被人欺负，但也不能欺负别人”

在孩子与小朋友们一起玩耍时，父母应该要给孩子灌输这样一个理念：即孩子不能被人欺负，但也不能仗势欺负别的孩子。这样孩子就不会在与人交往中吃亏，也不会故意惹是生非。如果父母一味地让孩子采取强硬的态度，那么孩子就会错误地理解为，我也可以欺负别人。这样的教育是过不对的，最终吃亏的还是自己的孩子。

(3) 教会孩子勇敢，不要一味地忍让

如果孩子总是遭到别人欺负，这个时候，父母就不要总对孩子一味地强调忍让，否则，孩子就会觉得自己的父母无法保护自己，会让孩子滋生胆小怯懦的心理。比如孩子受欺负的时候，如果父母说："这个孩子是小霸王，你要躲着他，尽量不要和他玩。"那么孩子之后一遇到问题就会退让逃避，不敢面对。

同时，如果孩子遇事一味地退让，那么也无法塑造坚强的性格，遇到挫折就承受不了，条件反射地选择逃避。因而，建议父母不要过多强调"忍让式"的教育。

(4) 告诉孩子反击要适度适量

虽然父母可以鼓励孩子进行反击，但是这一定要适度适量。要告诉孩子，行为不能太过分，以免让孩子滋生暴力的性格倾向。一般来说，适当的强硬反击会让不讲道理的孩子望而却步，但过分地强调强硬，则会起到适得其反的作用。

比如孩子受了欺负，千万不要对孩子说："他打你，你就打他！”“他抢你玩具，你不会打他吗?”这样的教育对孩子没有任何好处，只会让孩子走向另一个极端——暴力。

(5）理解孩子，及时给孩子安慰和鼓励

孩子受了欺负，心理一定不好受，他们也不理解自己为何经常遭到别的小朋友的欺负，这个时候，他们认为家是最安全的，他们渴望父母的关心。这时候，父母最需要做的是给孩子一个拥抱，安慰孩子，并且鼓励孩子勇敢一些。一旦父母用“你怎么这么笨”“你为什么总是受欺负”等这类话的话来质问孩子，那么孩子就会受到更大的伤害，觉得自己真的很笨，以至于越来越胆小、懦弱。

9.别让外号，伤了孩子小小的稚嫩心

很多孩子小时候都爱给小朋友起外号，比如某个小朋友整天蹦蹦跳跳的，他们就会叫他“小兔子”；如果某个小朋友特别淘气，他们就会叫他“淘气包”。这样的行为非常常见，而小朋友也是没有恶意的。

小雨平时十分调皮，整天坐不住地乱蹦乱跳，就像一个顽皮的小猴子。于是幼儿园的小朋友就给小雨起了一个“猴子”的外号。

有一天，老师教小朋友读《爱妈妈》这首儿歌，孩子们都很认真地跟老师读儿歌。老师说：“现在请一个小朋友上来读给其他小朋友和老师听，好吗？”孩子们都把小手举起来，只有小雨在凳子上像只小猴子一样爬来爬去，老师喊到：“小雨，你来读这首儿歌给其他同学和老师听。”

小雨被老师的“突然袭击”吓到了，于是站在那里一动不动，不理不睬。其他小朋友大声喊：“猴子，老师在喊你呢，怎么不回答老师呢？”他仍然是不理不睬。这时候很多小朋友一起喊他：“猴子，老师叫你呢！”

这一下可不得了，小雨立刻哇哇大哭起来，老师觉得很奇怪，于是走到他身边蹲了起来，问：“小雨，你为什么哭呀？”他一边哭一边委屈地说：“我不是猴子！”老师恍然大悟，并告诉大家起外号是不对的，小朋友们都很乖，跑过来哄小雨：“小雨，我们不对，不该叫你猴子的。”小雨把眼泪擦干，露出了笑容。这时，老师也突然明白，一个不经意的外号会给幼小的孩子带来多大的伤害。

孩子身上有一个天生的习性，那就是淘气。给他人起外号，有时便是出于这种目的，更是他们最喜欢玩的游戏。每个人在儿童期都会有很重的好奇、嫉妒、羡慕、炫耀的心理，给小伙伴起外号，是炫耀的心理在作祟，想以此证明自己很厉害。当他起的外号被小朋友公认时，孩子心里就会更美，以为自己真的很了不起。

然而，很多时候，对于被其他小朋友起外号的孩子来说，这非常打击孩子的自尊心。他们会想：小朋友为什么给我起外号，是不是讨厌我？这个外号是不是很不好？

因为，自尊心是人类特有的思维活动，是向上的内在动力。而孩子在幼儿期时，正是他的自我意识的发展阶段。这个时候，他们开始注意别人对自己的评价，保护自己的自尊心。一旦孩子的自尊心受到了伤害，那么孩子就会失去前进的动力，就会变得敏感脆弱，从而影响其心理的健康发展。

事实上，并不是所有的外号都会伤害小朋友的自尊心，比如“超人”“大侠”等，这些比较尊敬的外号，不仅不会对孩子的自尊心产生影响，还受到小朋友的喜欢。因为他们知道“超人”是英雄，很厉害，而“大侠”则非常威风。

而如果孩子的外号是因为某些身体缺陷或者其他原因得来的，比如比较胖的孩子被人起外号叫“胖子”，皮肤比较黑的孩子被人起外号叫“小黑”，还有事例中的小雨，因为活泼好动被别的小朋友叫作“猴子”等等，那么就会严重伤害孩子的自尊心。

这是因为这些外号带有明显的歧视，暴露了孩子身上的缺陷和不足，所以，当孩子听到有人用外号来称呼他的时候，自然就会有一种自尊心被伤害的感觉，这类孩子往往认为“外号”是对于他们的一种不尊重。

更为严重的是，如果这种外号被公布于众，所有人都知道，并且带着嘲笑一味地去叫他，那么孩子就会逐渐产生自卑心理，不仅渐渐变得孤僻，甚至还会因此产生强烈的报复心理。

【给爸妈的话】

如果孩子回家哭着对父母说，有人给我起外号，都叫我“小胖子”或是“小猴子”。这时候，说明他自尊心受到了严重伤害，这个时候，父母应该从正确的方向对孩子进行引导：

(1) 分清外号是否有恶意，如果无恶意就让孩子平常心对待

如果孩子被人起外号而苦恼，首先，父母应当判断该外号是否有恶意。如果没有恶意，父母可这样告诉他：“每个人都有各

自的特别之处，因为你这个特点非常突出，所以别人才用这个特点来称呼你。任何人都有可能被别人起外号，这并不是坏事，或许大家是因为喜欢你呢？”

如果孩子的情绪还没有缓解，父母就可以继续对孩子说：“别人给你起外号，说明他在关注你。这个外号没有任何恶意，所以你也不要太在意。当别人称呼你外号时，你应该有一种很亲切的感觉，因为只有你认识和认识你的人，才会知道你的外号。”

当孩子听到父母这样的劝解后，也许就不太会在意别人给自己起的外号了。

(2) 慎重对待恶意的外号

对于孩子的外号，这不可能永远都是无恶意的，有些外号明显是因为孩子的缺陷而被取的。这样的外号会对孩子的心理产生极大的负作用，有时甚至会影响孩子健康的性格。

所以，遇到这样的情况，父母一定要重视起来，再给孩子进行心理辅导，安慰鼓励的同时，也要和老师或是对方家长沟通，避免这样行为的再次发生。

(3) 引导孩子正视自己的缺陷和不足

父母应该引导孩子正视自己的缺陷和不足，不要因为被人起外号就越来越自卑，越来越讨厌自己的缺点，甚至是讨厌自己。只有孩子变得自信起来、乐观起来，才会对外号一笑了之。

（4）不要让孩子有报复心理

当很多孩子的自尊心受到伤害的时候，不是选择逃避，变得越来越自卑，就是想要报复别人，“你给我起外号，我也给你起”。这样的行为只会让情况越来越糟，所以父母要避免让孩子产生报复心理。